Actueel substantiedualisme

Titus Rivas

2

Actueel substantiedualisme: Wijsgerige essays en recensies

drs. Titus Rivas

m.m.v. Anny Dirven en Hein van Dongen

Athanasia Producties via Lulu.com

Ter nagedachtenis van John Beloff (1920-2006) en
Anny Dirven (1935-2016)

Voor Corrie Rivas-Wols en Ian J. Thompson

Je pense, donc je suis
René Descartes, Discours de la méthode

ISBN 978-0-244-90848-5

ΣΟΦΙΑ
ΚΕΛΣΟΥ

Inhoudsopgave

Voorwoord

Anno 2017 is het nog steeds zeer ongebruikelijk om openlijk een dualistische ontologische positie in te nemen binnen de filosofie van de geest. Dit geldt reeds voor zogeheten property dualisme, en in nog sterkere mate voor het personalistische substantiedualisme. Als er al ruimte is voor een substantialistische ontologie, dan erkent men doorgaans geen veelheid aan onreduceerbare persoonlijke zielen, maar slechts één enkele substantiële fysieke, panpsychistische, geestelijke of pantheïstische werkelijkheid. Het meest populair lijkt momenteel nog wel een thomistische vorm van christelijk substantie-dualisme, die mede afhankelijk is van een specifiek theologisch wereldbeeld en daarom ook alleen door belijdende christenen lijkt te worden aangehangen.

Ik pretendeer in deze bundel voldoende duidelijk te maken hoe onredelijk het is dat neocartesiaans substantiedualisme in de strikt filosofische, onafhankelijke zin zo gemarginaliseerd is geraakt. Dit gegeven heeft zelfs helemaal niets met rationaliteit te maken.

Onlangs beleefde ik dit weer eens extra pijnlijk bij een botsing met een eerbiedwaardige, materialistisch georiënteerde geleerde. Hij stelde dat hij zich niet hoefde te verdiepen in de artikelen die ik hier samenbreng, omdat "de meerderheid der analytische filosofen" het hoe dan ook met mij oneens was. Hij leek niet eens in te zien dat hij zich hierbij bediende van een consensualistisch autoriteitsargument. Aangezien de meeste deskundigen substantiedualisme afwezen, en we er dus zeker van konden zijn dat de academische consensus anti-dualistisch was, bleek die ontologie definitief gediskwalificeerd geraakt. Dit is het exact het soort redenering dat men in de dogmatisch-christelijke middeleeuwen inzette om een renaissance van het vrijere denken tegen te gaan.

Het boek is eenvoudig onderverdeeld in essays en recensies die allemaal verband houden met het type substantiedualisme waar ik als hedendaags filosoof van uitga.
De bundel sluit aan bij twee eerdere dualistische werken, namelijk *Geesten met of zonder lichaam*, en *Filosofische grondslagen van parapsychologisch onderzoek naar leven de dood*.

Enkele essays zijn met medewerking van anderen tot stand gekomen en dit wordt telkens in de tekst zelf vermeld. Het gaat in concreto om dr. Hein van

Dongen en Anny Dirven (1935-2016). Uiteraard wil hen bij dezen danken, en dit geldt ook voor de redacteurs die publicatie mogelijk hebben gemaakt, waaronder Rudolf Smit en Henk Hogeboom van Buggenum.

Ik hoop dat deze bundel zal bijdragen tot het opnieuw salonfähig maken van het substantiedualisme.

De auteur

John Beloff

Een van de weinige hedendaagse filosofen die ten minste openlijk interactionistisch dualist durfde te zijn, was prof. dr. John Beloff (1920-2006), auteur van o.a. *The Existence of Mind* en *The Case for Dualism* (samen met John Smythies).

Essays

Bewustzijn en zelf

Is er eigenlijk wel een persoonlijke ziel, een Zelf?

Het bewustzijn (oftewel subjectieve beleving) staat sinds enkele jaren weer volledig op de kaart binnen de westerse filosofie. Er zijn natuurlijk nog wel materialisten die zich daartegen verzetten. Maar het bewustzijnsvraagstuk wordt lang niet meer zo vanzelfsprekend weggehoond als enkele decennia geleden nog gebeurde. Dit leidt ertoe dat sommige filosofen zich weer onbeschaamder afvragen of bewustzijn wijst op een geestelijke essentie of 'zelf'. We zijn kennelijk meer - of beter: iets anders - dan ons lichaam of hersenen. Zoiets impliceert in ieder geval dat de 'ouderwetse' notie van een ziel of zelf een eerlijke kans binnen de discussie moet krijgen. Des te beter, want de acceptatie ervan heeft vérgaande consequenties voor ons zelf- en wereldbeeld. Dat kun je alleen al zien aan de ijver waarmee materialisten deze 'achterlijke' ideeën onderuit willen halen. Overigens wil het voorgaande absoluut niet zeggen dat alle spirituele stromingen uitgaan van een ziel of zelf. Een van de grote oosterse wijsgerige tradities, boeddhisme, wijst het bestaan van een geestelijke essentie zelfs resoluut af. Althans, de meeste boeddhistische stromingen hangen tegenwoordig de zogeheten anatta-doctrine aan. Het woord *anatta* is afgeleid van an-atman, dat letterlijk geen ziel of zelf betekent. Volgens het boeddhisme zijn mensen samengestelde, procesmatige verschijnselen zonder substantiële kern of essentie. We zijn opgebouwd uit lichamelijke en geestelijke processen die na de dood weer uiteen zullen vallen. Er bestaat dus ook geen persoonlijke reïncarnatie, maar alleen een onpersoonlijke wedergeboorte van geestelijke processen of daaraan gekoppeld karma.

Boeddhisten ontkennen het bestaan van bewustzijn zeker niet, maar wel van een substantieel zelf dat dat bewustzijn zou dragen. Er is geen ziel die de processen ondergaat terwijl ze tegelijkertijd zichzelf blijft.

Subjectieve ervaring

Ook in het westen kennen we een wijsgerige traditie die alleen een bewustzijnsstroom erkent en geen substantieel zelf. Die traditie vond haar oorsprong bij de 18e-eeuwse Schotse filosoof David Hume. Hij stelde dat we alleen zeker kunnen weten dat er subjectieve ervaringen zijn. Er is volgens Hume introspectief nog nooit een zelf waargenomen dat onze ervaringen ondergaat. Dus hebben we ook geen goede reden om van zo'n zelf uit te gaan. Deze redenering is overgenomen door latere, invloedrijke intellectuelen zoals de psycholoog en filosoof William James en de hedendaagse denker Thomas Metzinger. Mij persoonlijk heeft de 'geen zelf'-theorie eerlijk gezegd nooit aangesproken. Intuïtief niet, maar ook op intellectueel niveau niet. De boeddhistische anatta-leer stelt dat er geen zelf bestaat, maar als dat waar was, zou er volgens mij automatisch ook helemaal geen bewustzijn kunnen bestaan. Bewuste of subjectieve ervaringen vóóronderstellen namelijk een bewuste ervaarder of subject. Zonder zo'n ervaarder wordt er nu eenmaal niets subjectief ervaren. Bovendien moet de ervaarder volgens mij wel degelijk één en dezelfde blijven tijdens de ervaringen die hij ondergaat. Anders gaat de eenheid van die ervaringen zelf namelijk bij voorbaat verloren. Het ene deel van de ervaring zou dan door de ene ervaarder ondergaan moeten worden en het andere deel door een andere ervaarder. Maar in feite moet zelfs de kortstondigste (deel)ervaring worden ondergaan door een ervaarder die daarbij zichzelf blijft. Anders kon hij niet eens die vluchtige ervaring ondergaan.

De Humeaanse argumentatie gaat al evenzeer voorbij aan het feit dat subjectieve ervaringen zonder subject niet kunnen bestaan. Zodra je zegt dat je iets (introspectief) waarneemt, geef je impliciet al toe dat jij het subject bent dat datgene waarneemt. Om dit in te zien hoeven we onszelf als ervaarder ook niet van

15

buitenaf waar te kunnen nemen. Het is voldoende te beseffen dat er bewuste ervaringen bestaan en dat zoiets alleen mogelijk is als er ook een zelf bestaat.

Eén zelf

In het kader van spirituele eenheid zoeken sommige boeddhisten en aanhangers van de Advaita Vedanta toenadering tot elkaar. Voor een deel is dit zeker begrijpelijk, want er zijn ongetwijfeld raakvlakken tussen beide stromingen. Toch gaat het te ver om te stellen dat er geen grote verschillen van inzicht tussen de Advaita en het boeddhisme bestaan. Een opvallend verschil is dat de Advaita Vedanta-leer expliciet uitgaat van een substantieel zelf. Het erkent dat er een subject oftewel atman moet zijn dat alle bewuste ervaringen ondergaat.

Zoals de lezer zal begrijpen, voel ik me op dit punt filosofisch dus meer verwant aan de Advaita dan aan het boeddhisme. Alleen is daar meteen ook alles mee gezegd. De Advaita stelt namelijk niet alleen dat er een zelf bestaat, maar ook dat er maar één zelf bestaat. Het subject dat ik ben is met andere woorden hetzelfde subject als u, degene die deze tekst in Koorddanser leest. Dat ene, universele zelf zou gelijkstaan aan God (Brahma). God zou zich als subject als het ware manifesteren in talloze 'meervoudige persoonlijkheden'. Die persoonlijkheden lijken misschien niet bij elkaar te horen, maar ze zijn wel allemaal manifestaties van het ene goddelijke zelf. Als golfjes op één en dezelfde oceaan.

Eerlijk gezegd heb ik deze theorie vroeger als late tiener zelf een tijdlang aangehangen totdat ik me iets ging afvragen. Als het werkelijk zo is dat ik als subject gelijk sta aan u als subject, hoe kan het dan dat we niet exact dezelfde subjectieve ervaringen hebben? Een zelf is in deze context namelijk 'iemand die ervaart' (of ten minste: iemand die kán ervaren). Om precies dát zelf te zijn te zijn en geen ander zelf, moeten zijn eigen ervaringen natuurlijk alles wat hij ervaart omvatten. Maar als God in feite al onze ervaringen ondergaat, dan moet dat ook gelden voor elk zelf waarin God zich manifesteert. Het moet met andere woorden twee kanten opgaan. En dat is gewoon niet het geval. Ik onderga op dit moment zeker niet alle subjectieve ervaringen van alle andere wezens. Dus mijn zelf (het zelf dat ik ben) kan niet gelijkstaan aan het zelf van al die talloze anderen.

Vele zelven

Ook het beeld van meervoudige persoonlijkheden biedt geen uitweg wat dit betreft. Stel dat iemand middels een secundaire persoonlijkheid bewuste ervaringen ondergaat. Dan is het zelf 'achter' de primaire en de secundaire persoonlijkheid inderdaad één en hetzelfde. Het is in zo'n geval niet nodig om meerdere substantiële zelven te veronderstellen.

17

Alleen gaat de analogie verder niet op. Bij meervoudige persoonlijkheid kan het zelf namelijk maar via één persoonlijkheid tegelijk bewustzijn ervaren. Terwijl in het geval van de God van de Advaita het zelf in al die verschillende persoonlijkheden ook verschillende dingen zou ervaren. Dat is volgens mij onmogelijk: een zelf kan weliswaar verschillende persoonlijkheden hebben waarin het afwisselend bewust is, maar toch niet verschillende soorten bewustzijnstoestanden en -inhouden tegelijkertijd. Dat zou hem namelijk niet tot een zelf met verschillende persoonlijkheden maken maar opsplitsen in verschillende substantiële zelven tegelijk.

Eenvoudiger geformuleerd: je kan niet tegelijkertijd iets helemaal bewust ondergaan en datzelfde helemaal niet bewust ondergaan. Als ik nu niet bewust deze tekst lees en u wel, dan kunnen ik en u niet hetzelfde subject zijn.

Dat voert mij tot mijn eigen overtuiging over zelven. Volgens mij is het duidelijk dat er, zoals de Advaita Vedanta aangeeft, een zelf moet zijn. Maar het is al even duidelijk dat er meer dan slechts één zelf moet zijn. Tenzij de hele wereld een solipsistische nachtmerrie van mij is, moeten er meerdere subjecten zijn met ieder hun eigen bewustzijn. Geen nieuwe gedachte, want dit idee wordt al sinds de oudheid in allerlei vormen aangehangen door westerse maar ook oosterse filosofen.

Het komt bijvoorbeeld voor in de Nyaya, Dvaita Vedanta en Visistadvaita Vedanta binnen de Indiase filosofie, evenals in het jaïnisme. Het speelt bijvoorbeeld ook een grote rol in het christendom. Sommige tegenstanders van het idee van meerdere onherleidbare zelven beschouwen het als een bedreiging voor spirituele noties. Zoals voor het concept van een diepere eenheid in de werkelijkheid. In mijn optiek is dat onnodig, omdat een veelheid aan zielen niet haaks staat op een onderlinge verbondenheid van die zielen. Er is veel parapsychologisch bewijsmateriaal voor telepathie en geestelijke banden en dat blijft zo als er meerdere zelven bestaan.

Je kunt het mijns inziens zelfs omdraaien: als er slechts één ultiem zelf bestond zou dat nogal een eenzame bedoening zijn. De zelven die God lief kan hebben in zo'n geval zouden slechts zijn/haar eigen persoonlijkheden zijn. Liefde voor jezelf is prima, dat zeker, maar het zou de enige manier zijn om waarachtig lief te hebben. Al het andere zou niet meer dan een illusie zijn.

Solipsisme: "Filosofie dat er maar een enkel bewustzijn bestaat: dat van de waarnemer. Het hele universum en alle andere personen waarmee gecommuniceerd wordt, bestaan slechts in de geest van de waarnemer." (Wikipedia)

Literatuur

- Foster, J. (2002). *The Immaterial Self: A defence of the Cartesian dualist conception of the mind.* Londen: Routledge.
- Radhakrishnan, S. (1977). *Indian Philosophy.* London: Allen and Unwin.
- Rivas, T. (2003). *Geesten met of zonder lichaam: pleidooi voor een personalistisch dualisme.* Delft: Koopman & Kraaijenbrink.
- Rivas, T. (2005). Een personalistische visie op overleven na de dood en spirituele evolutie. *Terugkeer, 16(3)*, 22-25.
- Tsongkapa. (1999). *The principal teachings of Buddhism.* Howell, NJ: Classics of Middle Asia.
- Valicella, W.F. (2002). No self? A look at a Buddhist argument. *International Philosophical Quarterly, 24*, 4, 168, 453-466.

Dit artikel werd in 2010 gepubliceerd in KD en in 2013 op txtxs.nl gezet.

Geen geest zonder subject

Inleiding

In de filosofie van de geest bestaan nogal wat posities die uitgaan van een subjectloze geest. Het subject of de persoon zou volgens deze posities niet de ontologische *voorwaarde* zijn voor een geestelijk leven, maar het geestelijk leven zou op een bepaald niveau van complexiteit vanzelf een persoon creëren. In dit korte artikel een eenvoudige weerlegging van de hoofdclaim van het impersonalisme.

Varianten

Eén van de oudste stromingen die het impersonalisme verkondigen is het boeddhisme. Dit huldigt de zogeheten anattatheorie, letterlijk de theorie dat er geen ziel bestaat. Personen bestaan in uiteindelijke zin niet, personen zijn ficties en behoren als zodanig slechts tot de "conventionele" visie op de werkelijkheid. In feite zijn wat mensen ten onrechte als personen of subjecten beschouwen niets meer dan verzamelingen karma. Een bekende uitspraak is wat dat betreft dat de verlichting (in boeddhistische zin) te maken heeft met het inzien van je eigen illusoire identiteit. Het boeddhisme heeft invloed gehad op westerse bewegingen zoals de theosofie, en vandaaruit

ook op de New Age beweging.
De bekendste westerse verkondiger van het impersonalisme was ongetwijfeld David Hume. Hij beweerde dat introspectie uitwijst dat alles wat we in ons innerlijk waarnemingen gewaarwordingen en ideeën zijn, en nooit een ik of zelf. Daarmee, zo concludeert hij, is er ook niets anders dan onze indrukken en ideeën, een *zelf* of subject (subjectieve instantie) is een fictie.

Binnen de psychologie bestaat bij velen een beeld van het subject als iets dat pas later in iemands ontwikkeling voortkomt uit onpersoonlijke processen. Dit zien we bijvoorbeeld bij Sigmund Freud. Maar ook in de hedendaagse cognitieve psychologie is dit idee populair. Het subject is iets wat gecreëerd wordt door de onpersoonlijke geest, als hoger niveau van complexiteit waarop een cognitief systeem naar zichzelf verwijst. Dit klinkt ook door in de "harde" artificiële intelligentie waarin men probeert een persoon te scheppen door het simuleren van afzonderlijke geestelijke processen.

Subjectiviteit
Het impersonalisme lijkt 'sophisticated' en dit zal wel zijn populariteit verklaren. Maar als men het goed beschouwt, is het impersonalisme geen houdbare positie. Als we het namelijk zoals Hume over geestelijke indrukken en ideeën hebben, dan bedoelen

we al direct indrukken en ideeën in *iemands* geest. Niet in de banale zin van "in de geest die hoort bij iemands hersenen", maar in die zin dat indrukken en ideeën subjectief zijn, horen bij iemands ervaringsveld. Zonder iemand die iets ervaart, zonder een subject, heeft het geen zin om over geest te praten, want een subjectloze geest is geen geest zoals we die kennen. Een subjectloze geest is op zijn best een simulatie (nabootsing) van een geest in een materieel systeem, zoals in het geval van computers. Een geest zonder iemand (van wie die geest is), kan niet denken, voelen of willen; dat kan alleen een subject. Het depersonaliseren van de geest staat dus gelijk aan het desubjectiveren daarvan, het "ontgeesten" dus.

Zo kunnen personen ook geen conventionele illusie zijn, zoals het boeddhisme het wil, omdat voor illusies personen nodig zijn, namelijk als subject ervan. Een subjectloze illusie is een al even onzinnig begrip als een subjectloze pijn of subjectloos geluk. Andersom ligt de verhouding anders: een persoon of subject (deze termen worden hier gebruikt als synoniemen) is niet afhankelijk van deze of gene concrete subjectieve ervaring, maar hij (of zij) ondergaat er talloze, die allemaal afhankelijk zijn van het bestaan van één en dezelfde persoon. Een persoon vergaat niet doordat hij de ene subjectieve ervaring na de andere doorloopt, terwijl die subjectieve ervaringen zelf opkomen en

23

weer verdwijnen.
Een persoon of subject is dus geen fictie of illusie of abstractie, een persoon is de voorwaarde voor alle onderdelen van zijn geestelijk leven. Zonder persoon geen geest, terwijl de persoon steeds zichzelf (d.w.z. dezelfde persoon of hetzelfde subject en niet iemand anders) blijft ondanks alle veranderingen in zijn geestelijke leven. *Het impersonalisme is niet houdbaar.*

Personalisme
Het is best schokkend om zich te realiseren dat het impersonalisme heel eenvoudig te weerleggen is en toch zoveel invloed heeft gehad en nog steeds heeft. Het impersonalisme is daarbij geen bijster positieve visie. Het sluit persoonlijke waardigheid uit, want die is immers een illusie. Hetzelfde geldt voor persoonlijke identiteit en persoonlijke relaties. Allemaal illusies of op zijn best producten van onpersoonlijke processen, als een soort epifenomeen. En van een leven na de dood kan natuurlijk al helemaal geen sprake zijn volgens het impersonalisme, een reden waarom (de meeste) geleerde boeddhisten wel in een wedergeboorte van onpersoonlijk karma geloven, maar niet in persoonlijke reïncarnatie.
Voorts kan het impersonalisme onsmakelijke gevolgen hebben op ethisch en politiek gebied. Het past

bijvoorbeeld griezelig goed bij een totalitaire staat en het opofferen van individuen. Overigens beweer ik niet dat het impersonalisme doorgaans zo uitpakt onder boeddhisten. Zij kennen namelijk een principe van mededogen, ook al laat men dit strikt genomen gelden jegens "illusoire zelven".

Het is dan ook zaak om het personalisme, dat bijvoorbeeld altijd is verkondigd door het christendom, vormen van hindoeïsme en het cartesianisme (althans met betrekking tot mensen), in ere te herstellen. Alleen het personalisme maakt duidelijk dat de geest niet kan bestaan zonder een subject, dat een subjectloze geest conceptueel beschouwd een absurditeit is, en dus ook de bron niet kan zijn van het subject. Dit inzicht zou meer aanhang moeten krijgen onder filosofen van de geest en psychologen.

Het impersonalisme is een obstakel voor tal van inzichten in de werkelijkheid. Bijvoorbeeld ook in de dierpsychologie waar sommigen het hebben over dieren die wel allerlei subjectieve gevoelens kunnen hebben, maar zonder daarmee een subject te zijn.

Een goede inleiding op de personalistische filosofie van de geest is geschreven door T.K. Österreich. Het betreft het 8e hoofdstuk van zijn *Die Phänomenologie des Ich in ihren Grundproblemen* uit 1910, eenvoudig getiteld "Das Ich". In navolging van Leibniz stond

deze veelzijdige denker een subjectgerichte
psychologie voor.

**Dit essay werd in de jaren '90 geschreven en pas in
september 2006 op de website txtxs.nl gezet.**

Persoonlijke identiteit en geestelijke ontwikkeling

(Geschreven namens Stichting Athanasia, met medewerking van Anny Dirven)

Athanasia is een stichting met bepaalde vooronderstellingen, dat wil zeggen dat we gebruik maken van een denkkader of werkhypothese bij het onderzoek dat wij doen. Eén van onze uitgangspunten is dat er een persoonlijke geest of ziel bestaat die alle veranderingen van het lichaam overleeft en zelfs na de fysieke dood nog voortbestaat.

Kenmerkende patronen of een onherleidbaar zelf?

Het vraagstuk van de *persoonlijke identiteit* is één van de hoofdvragen binnen de zogeheten filosofie van de geest (philosophy of mind). Men kijkt hierbij onder andere naar de vraag wat het betekent dat iemand zichzelf is en ook zichzelf blijft. Gaat het om lichamelijke kenmerken zoals uiterlijk of fysieke afkomst? Of om geestelijke eigenschappen, zoals bepaalde herinneringen, kennis of vaardigheden? Of is die identiteit eerder een basisgegeven dat niet afhankelijk is van bepaalde fysieke of mentale structuren?

Er zijn twee hoofdstromingen op dit punt. De

zogenoemde *empiristen* gaan er vanuit dat de vraag naar persoonlijke identiteit alleen draait om kenmerken die je (van buitenaf, 'empirisch') kunt vaststellen. Dit is vergelijkbaar met de informatie die bijvoorbeeld de politie gebruikt als zij iemands identiteit wil bepalen. De Schotse filosoof David Hume wees er bijvoorbeeld op dat we van onszelf altijd alleen ons lijf en bewustzijn waarnemen en nooit iets wezenlijkers dan dat. We stuiten in onze ervaring volgens hem niet op een onveranderlijke geestelijke 'kern' of iets dergelijks. De andere hoofdstroming, van de zogeheten *metafysici* stelt, volgens ons terecht, dat dit geen goede benadering is (Rivas, 1996, 2003a). Natuurlijk kun je aan de hand van iemands kenmerken aannemelijk maken dat hij of zij één bepaalde persoon is en niet iemand anders. Maar of dat ook echt zo is, kan niet afhankelijk zijn van die kenmerken. De identiteit blijft ook bestaan als de kenmerken veranderen of zelfs verdwijnen. Dat komt omdat je niet pas jezelf bent dankzij allerlei lichamelijke eigenschappen, ervaringen of herinneringen. Je bent *onvoorwaardelijk* jezelf (vandaar de term 'metafysisch'). Psychologische kenmerken vormen je persoonlijkheid of bewustzijn, die voortdurend kunnen veranderen zonder daarmee op te houden *jouw* persoonlijkheid of bewustzijn te zijn. Volgens de metafysische interpretatie kun je in deze primaire betekenis ook niet meer of minder jezelf zijn, want je kunt uitsluitend *jij* zijn en niet iemand anders, zelfs niet een beetje. De metafysische benadering impliceert dus dat er een onherleidbaar *zelf* is dat niet zomaar kan samenvallen met zijn lichaam, mentale inhouden of vaardigheden. Het genoemde bezwaar hiertegen van David Hume zou alleen geldig zijn als iemand iets kon waarnemen zonder zelf daarbij meteen een *waarnemer* te zijn. Als er met andere woorden bewustzijn zou kunnen bestaan zonder ervaarder of subject.

Overigens is Humes empirisme niet de enige stroming die het bestaan van een zelf of 'ervaarder' (subject) ontkent. Dit geldt met name ook voor de boeddhisten (zoals al eerder aan bod is gekomen in deze bundel). Zij stellen dat er helemaal geen duidelijk afgebakende wezens bestaan, maar dat alles in elkaar overloopt en afhankelijk van elkaar is, doordat er sprake is van een onverbrekelijke eenheid. Volgens hen is het *zelf* slechts een verzinsel dat voor veel ellende heeft gezorgd. Er bestaan volgens boeddhisten in feite geen 'ik' of 'jij', en als iemand dit inziet bereikt hij een verlossing van onnodig lijden.
Ook het reductionistisch materialisme verwerpt het bestaan van een *zelf*, alleen gaat het daarin nog veel verder dan Hume of de boeddhisten. Voorstanders van deze vorm van materialisme ontkennen namelijk ook nog eens het bestaan van bewustzijn oftewel al onze

subjectieve ervaringen (gevoelens, gedachten, gewaarwordingen, verlangens, etc.). Hun afwijzing van een zelf is dus niet zozeer gebaseerd op een eerbiedwaardige filosofische interpretatie van feiten, maar vooral op het botweg negeren of ontkennen van een belangrijk deel daarvan.

Wat voor een zelf?
Daarmee is nog niet alles gezegd, want ook onder de aanhangers van het bestaan van een *zelf*, dat je niet kunt herleiden tot lichamelijke of geestelijke kenmerken, komen allerlei verschillende stromingen voor (Rivas, 2005a, 2005b). In de Indiase filosofie is er bijvoorbeeld vaak sprake van een Atman (ziel), maar wat dat precies voor iets is hangt af van de specifieke wijsgerige school waar je mee te maken hebt. Volgens diverse hindoeïstische tradities, zoals de Advaita Vedanta, is de persoonlijke ziel bijvoorbeeld slechts een tijdelijke manifestatie van God (Brahma) (Huxley, 1970). Die ziel zal daar volgens deze visie uiteindelijk ook weer helemaal in opgaan. Maar er zijn ook hindoeïstische scholen, zoals de Dvaita Vedanta, die van mening zijn dat alle zielen in de kern onvervreemdbare, zelfstandige wezens zijn. Dit 'personalisme' (Foster, 1991) wordt ook aangehangen door één van de andere hoofdgodsdiensten van India, namelijk het jaïnisme. In het Westen zie je deze personalistische gedachte onder meer terug bij het

katholicisme en het spiritisme. Om het nog ingewikkelder te maken, denken sommigen dat er wel een persoonlijke ziel is, maar dat die ziel opgebouwd is uit twee of meer verschillende zielendelen, die op een gegeven moment los van elkaar kunnen raken. Ook zijn er auteurs die stellen dat de persoonlijke ziel weliswaar niet rechtstreeks tot God herleid kan worden, maar wel een manifestatie is van een individueel hoger zelf (Rivas, 2005b).

Los van deze visies op het zelf, is er tot slot ook nog het lichaam-geest holisme. Bijvoorbeeld in het denken van iemand als de Franse filosoof Merleau-Ponty. Deze stroming stelt dat de mens een onverbrekelijke eenheid van lichaam en geest vormt en dat het *zelf* daarom ook een door en door lichamelijk zelf is.

Overleven
Al deze verschillende visies hebben natuurlijk ook consequenties voor de manier waarop je aankijkt tegen een mogelijk voortbestaan na de dood. Harde kern materialisten wijzen die gedachte van een hiernamaals uiteraard direct van de hand, want volgens hen bestaat er geen *zelf* en dus er kan ook geen leven na de dood zijn. Boeddhisten geloven al evenmin dat er een persoonlijk voortbestaan is. Ze hanteren een vergelijkbaar argument als de materialisten, namelijk dat de notie van een zelf volgens hen een illusie is. Alleen denken ze wel dat er

na de dood allerlei kenmerken van iemand overgenomen kunnen worden door iemand anders. Zo kan er dus geen persoonlijke reïncarnatie optreden volgens boeddhisten, maar wel de wedergeboorte van eigenschappen. Zelfs wedergeboren lama's zouden op die manier bestaan uit een mix van onpersoonlijke oude en nieuwe kenmerken (oftewel 'karma').
Sommige materialisten geloven trouwens dat er een tijd zal komen dat men iemands geheugen en persoonlijkheid zal kunnen kopiëren of uploaden naar een ander brein of zelfs naar een computer. Dit zou dan de materialistische versie van onsterfelijkheid kunnen zijn. Soms gaan aanhangers van dit scenario zover in hun fantasie dat ze ook iemands lichaam willen 'kopiëren' door middel van klonen (kloneren).

Mensen die in een hoger *zelf* geloven, denken meestal dat de persoonlijke ziel slechts een tijdelijke manifestatie daarvan is, maar ze kunnen wel aannemen dat die manifestatie langer duurt dan één aards leven. In die zin is er dus ook voor hen iets als persoonlijke reïncarnatie denkbaar (Rivas, 2005c). Maar alleen als je uitgaat van een onherleidbaar *zelf* dat méér is dan een tijdelijke manifestatie van God, is het aannemelijk dat dat zelf ook op de lange duur voortbestaat. Stichting Athanasia gaat hier zoals gezegd vanuit. Dat doen wij natuurlijk niet zomaar, maar omdat wij de argumenten voor een personalistische visie op het zelf sterker vinden dan de argumenten voor andere theorieën (Zie bijvoorbeeld: Rivas, 1996, 2003a, 2005a,).

Indien je tot slot uitgaat van een holistisch mensbeeld waarbij lichaam en geest onscheidbaar bij elkaar horen, dan is er automatisch ook geen persoonlijk overleven na de dood mogelijk. Dit type holisme verschilt dus van het holisme in bepaalde New Age-kringen die het bestaan van een ziel en een leven na de dood wel degelijk erkennen. Zij wijzen slechts 'holistisch' op de noodzaak om alle mogelijke (lichamelijke, geestelijke, sociale, culturele, spirituele, etc.) factoren mee te nemen in een medisch of psychologisch consult. Of op de behoefte om lichaam, emoties en geest in balans te brengen. Dit heet ook 'holisme', maar het betekent in feite dus weer iets anders.

Geestelijke ontwikkeling
De visie op het zelf bepaalt voor een groot deel ook hoe je tegen geestelijke of spirituele ontwikkeling aankijkt. Bij boeddhisten gaat het er bijvoorbeeld vooral om dat je inziet dat er helemaal geen zelf is. Aanhangers van de Advaita Vedanta gaat het om het bereiken van een doorleefd besef dat je in je diepste innerlijk één bent met God. Dit kan al dan niet gepaard gaan met ascetische oefeningen waarbij je

loskomt van al het aardse en persoonlijke.
Voor sommige personalisten kan er ook sprake zijn
van het streven naar een onthechting van deze wereld,
maar daarnaast is er juist sprake van de ontwikkeling
van allerlei persoonlijke mogelijkheden. In dat opzicht
komt het streven naar zelfverwerkelijking van het
spiritueel personalisme bijvoorbeeld overeen met het
programma van de humanistische psychologie.

Dieren
Theorieën over de persoonlijke identiteit van mensen
worden vaak ook gegeneraliseerd naar andere dieren
toe. Dit is begrijpelijk omdat we zowel lichamelijk als
geestelijk veel gemeen hebben met dieren en ook
omdat we natuurwetenschappelijk gezien
waarschijnlijk allemaal deel hebben aan dezelfde
biologische evolutie (Rivas, 2003a & b).
Boeddhisten geloven bijvoorbeeld niet in een
persoonlijke ziel en daarin verschillen dieren volgens
hen natuurlijk niet van mensen. Aanhangers van de
Advaita Vedanta zien dieren vanzelfsprekend ook als
tijdelijke manifestaties van God. En voor
personalisten zijn dieren evenzeer onherleidbare
zielen in een stoffelijk lichaam als mensen. De enige
uitzondering hierop zie je bij bepaalde christenen die
vanuit hun traditie fundamenteel anders aankijken
tegen mensen dan tegen dieren. Ze geloven weliswaar
in een soort dierlijke ziel, maar die zou in

tegenstelling tot de menselijke ziel, sterfelijk zijn.
Materialisten zien dieren uiteraard gewoon als een
soort zielloze machines. Ze stellen overigens terecht
dat het bestaan van een ziel binnen de evolutietheorie
alleen aannemelijk is als het geldt voor alle
gewervelde of 'hogere' diersoorten (bijvoorbeeld ook
voor inktvissen). Maar waarschijnlijk door een
onbewuste invloed van het christendom, vinden ze die
gedachte zo bizar dat ze het als argument tegen het
bestaan van menselijke zielen aanvoeren.

Ethiek
Het bestaan van een zelf heeft consequenties voor de
ethiek. Volgens harde varianten van het materialisme
bestaat er niet eens bewustzijn, laat staan bewuste
'ervaarders'. Je hoeft er moreel gezien strikt genomen
dus ook geen rekening mee te houden. Dit komt
uiteindelijk neer op het recht van de sterkste.
Het boeddhisme gelooft dan wel niet in een echt zelf,
maar het is desondanks van mening dat er tenminste
een illusie van lijden bestaat. Die illusie is al pijnlijk
genoeg en moet dus opgeheven worden. In het
Mahayana-boeddhisme van o.a. de Tibetanen betekent
dit dat je mededogen moet opbrengen jegens iedereen
die nog verstrikt is in de waan van een zelf.
Volgens de Advaita Vedanta is het diepste Zelf van
alle wezens in feite hetzelfde, namelijk God. Als je
goed bent voor een ander, ben je eigenlijk dus ook

goed voor je Zelf.
Ook personalisten wijzen in zekere zin op de
verwantschap van alle persoonlijke zielen. Doordat
we in feite hetzelfde soort geestelijke wezens zijn is
het mogelijk om je met anderen te identificeren en
mededogen voor hen op te brengen (Rivas, 2003b).
Hierin verschilt het niet zoveel van het lichaam-geest
holisme (Rivas, 2005a).

Literatuur
– Foster, J. (1991). *The Immaterial Self: A Defence of
the Cartesian Dualist Conception of the Mind.*
London: Routledge.
– Huxley, A. (1970). *The Perennial Philosophy.* New
York: Harper Colophon.
– Oesterreich, T.K. (1910). *Die Phaenomenologie des
Ich in ihren Grundproblemen.* Leipzig.
– Rivas, T. (1996). Filosofie van de persoonlijke
onsterfelijkheid: Grondslagen voor
survivalonderzoek. *Tijdschrift voor Parapsychologie,
64*, 3-4, 27-44.
– Rivas, T. (2003a). *Geesten met of zonder lichaam:
pleidooi voor een personalistisch dualisme.* Delft:
Koopman & Kraaijenbrink.
– Rivas, T. (2003b). *Onrechtvaardig diergebruik:
essays over dieren, ethiek en veganisme.* Delft:
Koopman & Kraaijenbrink.
– Rivas, T. (2005a). Reïncarnatie, persoonlijke

evolutie en bijzondere kinderen. *Prana, 148*, 47-53.
– Rivas, T. (2005b). Rebirth and Personal identity: Is
Reincarnation an Intrinsically Impersonal Concept?
The Journal of Religion and Psychical Research, 28,
4, 226-233.
– Rivas, T. (2005c). Een personalistische visie op
overleven na de dood en spirituele evolutie.
Terugkeer, 16(3), herfst 2005, 22-25.

**Dit artikel werd eind 2007 gepubliceerd in
Paraview.**

Alles is bezield: de opkomst van het panpsychisme

Volgens panpsychisten bezit alles binnen de werkelijkheid geestelijke aspecten. De hedendaagse analytische filosofie neemt het panpsychisme serieus als een weliswaar moeilijk voorstelbaar, maar respectabel alternatief voor het materialisme.

Een vast ingrediënt van sjamanistische natuurgodsdiensten is de gedachte dat alles een ziel heeft. Volgens dit zogeheten *animisme* zijn dus niet alleen mensen en dieren bezield. Maar evenzeer planten, rotsen, rivieren, de zon en de maan en zelfs gebruiksvoorwerpen, zoals Indonesische krissen. We zien deze gedachte onder meer terug in het populaire thema van de natuurgeesten, bijvoorbeeld in de vorm van elfen en feeën. (Denk aan *The Lord of the Rings* en recente tekenfilms over Tinkelbel.)
De animistische levensbeschouwing is wijdverbreid. Materialisten koppelen haar van oudsher aan een naïeve 'kindertijd' van de mensheid. Met enkele uitzonderingen, zoals shintoïsten, wiccans en heksen, weten moderne mensen over het algemeen dat het animisme inmiddels 'definitief achterhaald' is. Velen zijn nog wel 'blijven steken' in een religieus of metafysisch wereldbeeld, maar wie echt verstandig is,

laat ook die fase snel achter zich. Hij of zij wordt vervolgens een overtuigd atheïstisch materialist of gelooft hoogstens nog in een onstoffelijk, maar volledig hersengebonden bewustzijn. Aldus de materialisten, wel te verstaan.

Panpsychisme en idealisme

Het animisme heeft in zijn oorspronkelijke vorm nauwelijks een rol gespeeld in de geschiedenis van de westerse filosofie. Maar men kent wel een traditie die er duidelijk aan verwant is, het *panpsychisme*. Het woord *pan* betekent in het Grieks alles, denk aan pantheon of pandemie. In het algemeen beweren panpsychisten dat alles binnen de werkelijkheid in een bepaalde mate geestelijke aspecten bezit. Je kunt dit wereldbeeld gemakkelijk verwarren met een vorm van *idealisme*, die stelt dat de fysieke realiteit opgebouwd is uit geest. Alles wat we zien, horen, proeven, et cetera, is in feite een soort droom *binnen* onze geest. Het woord idealisme is afgeleid van het Engelse *idea*, dat in dit verband alle mogelijke mentale inhouden aangeeft.

De achtiende-eeuwse bisschop en filosoof George Berkeley vatte zijn idealisme samen met de woorden *Esse est percipi*, Latijn voor: 'zijn is waargenomen worden'. Een (schijnbaar) fysiek voorwerp is er alleen zolang iemand het waarneemt. Het bestaat dus niet los van die perceptie. Er zijn geen materiële 'dingen' die geen enkele waarnemer nodig zouden hebben. Idealisme in deze betekenis van het woord komt niet alleen in de westerse traditie voor, maar met name ook in de Indiase wijsbegeerte. De hele materiële realiteit is in feite een illusoire manifestatie van het bewustzijn.

Letterlijk opgevat stellen idealisten dus wel dat het geestelijke alles doordringt (alles *is* immers geestelijk), maar toch kun je idealisme en panpsychisme niet aan elkaar gelijkstellen. Er zijn wel panpsychisten met een ondubbelzinnig idealistisch wereldbeeld geweest, zoals Schopenhauer en de Amerikaanse filosoof Josiah Royce. Maar de meeste panpsychisten verwerpen zo'n wereldbeeld zelfs uitdrukkelijk. In het panpsychisme gaat men er doorgaans van uit dat er een 'objectieve' stoffelijke werkelijkheid bestaat die niet afhankelijk is van mentale waarneming. Alleen is alles in die materiële wereld wel van nature *gekoppeld* aan iets geestelijks.

Westers panpsychisme
David Skrbina publiceerde in 2005 een boek over westers panpsychisme. Daaruit blijkt dat de panpsychistische grondgedachte zich in allerlei vormen bij Europese en Engelstalige geleerden heeft voorgedaan. Bijvoorbeeld bij recente denkers zoals Gustav Fechner, Teilhard de Chardin, William James, Bertrand Russell en David Bohm. Maar ook bij grote

filosofen van langer geleden zoals Plato, Aristoteles, Spinoza en Leibniz. Anno 2011 wordt de visie in Nederland onder meer uitgedragen in de bestseller *Eindeloos Bewustzijn* van Pim van Lommel. Panpsychisme lijkt tegenwoordig meer dan ooit een belangrijke rol te spelen en dan met name binnen de analytische filosofie van de geest (*philosophy of mind*). Men neemt het serieus als een weliswaar moeilijk voorstelbaar, maar respectabel alternatief voor het materialisme. Aanhangers stellen bijvoorbeeld dat het bewustzijn van mensen en andere 'hogere' dieren voortgekomen moet zijn uit de eenvoudigere geest van 'lagere' diersoorten. Die simpelere psyche kan op haar beurt ook niet uit het niets zijn ontstaan. Men redeneert daarom dat ook eencelligen en zelfs de anorganische materie ten minste in aanleg een soort kiem van het geestelijke of bewustzijn moeten bevatten. In die zin is panpsychisme een alternatief voor de visie dat geesten vanuit een spiritueel domein in biologische lichamen kunnen (re)incarneren. Geesten zouden opgebouwd zijn uit de mentale aspecten van hun lichaamscellen en dus niet van 'buiten' komen. Iemand die al jaren serieus met deze gedachten speelt is de invloedrijke Australische filosoof David Chalmers.

Uitgaande van een panpsychistische visie hoef je de gangbare, 'moeilijke' vraag (*hard problem*) niet meer te beantwoorden hoe de hersenen bewustzijn produceren. Het brein brengt de bewuste geest niet uit het niets voort, maar het bewustzijn is van nature gekoppeld aan alle materie. De specifieke structuur van de hersenen gaat slechts gepaard met een concrete manifestatie van de geest, zonder die geest opeens, 'magisch' te voorschijn te toveren.

Sommige recente panpsychisten zoals Alfred North Whitehead en David Ray Griffin hebben hun algemene wereldbeeld verder uitgewerkt. Om daar recht aan te doen zijn er nieuwe termen bedacht zoals *panexperientialism* dat verwijst naar het begrip *subjective experience* (subjectieve ervaring). Het voert in dit verband echter te ver om daar uitgebreid op in te gaan. Wel kunnen we constateren dat er inmiddels een rijke panpsychistische traditie met allerlei subtiele onderscheiden is ontstaan.

Voor en tegen
Volgens Skrbina biedt het panpsychisme verschillende voordelen als je het vergelijkt met andere theoretische systemen. Zo is het volgens hem een geloofwaardig alternatief voor het materialisme in de filosofie, maar ook voor de traditionele tegenstander daarvan, het lichaam-geest dualisme. Panpsychisme zet de werkelijkheid in een mooier, menswaardiger licht. Het heeft ook gevolgen voor onze algehele compassie

jegens andere mensen en dieren. Filosofen kunnen zich bijvoorbeeld afvragen welke wezens begiftigd zijn met een vorm van geest of bewustzijn. Binnen het panpsychisme is deze vraag gemakkelijk te beantwoorden, want het geldt eenvoudigweg voor *alle* wezens, inclusief bijvoorbeeld planten. De stroming maakt ons in het verlengde daarvan ook bewuster van het belang van respect voor eco-systemen.

Skrbina erkent overigens wel dat er ook zwaarwegende argumenten tegen een panpsychistisch wereldbeeld geuit zijn. Het is daarbij nog niet eens zo relevant dat het panpsychisme niet strookt met onze intuïtie. We delen de werkelijkheid in de westerse cultuur doorgaans op in wezens met gevoel en dingen die geen gevoelens kennen. Weliswaar is er ook een neiging tot een soort animisme. Je ziet dat bijvoorbeeld bij kleuters die hun pluchen knuffelbeesten vaak spontaan een hele belevingswereld toedichten en ook de zon en maan als levende wezens ervaren. Dit is echter nog iets anders dan aannemen dat elk materieel deeltje gepaard gaat met een soort psychisch principe.

Maar goed, we hebben ons wel vaker vergist, denk aan de zon die om onze planeet draait en aan de platte aarde. Dus wie zegt dat dat nu niet weer opnieuw het geval is? Dat we ons iets niet zo goed kunnen voorstellen, is meestal een zwak argument gebleken in de loop van de geschiedenis.

Bewijs

Zelf vind ik het volgende type tegenargumenten daarom belangrijker. Als alle materiële bouwstenen bezield zijn, dan is onze ziel kennelijk een soort psychische tegenhanger van ons lichaam. Een soort 'bundel' van alle psychische aspecten die gekoppeld zijn aan de fysieke onderdelen waaruit ons lijf is opgebouwd. Maar als dat waar is, dan lijkt het bijna onmogelijk dat onze ziel ons lichaam de dood overleeft. De cellen van ons lichaam vallen daarna immers vroeg of laat uiteen. Men zou dus aannemen dat dit ook moeten gelden voor de veronderstelde 'bestanddelen' van onze ziel. Nog onwaarschijnlijker zou het zijn dat een psyche reïncarneert in een nieuw lichaam. Die ziel zou dan moeten concurreren met de ziel die vanaf de conceptie gekoppeld is aan de materie van het lichaam zelf. (Overigens zijn er enkele panpsychisten die wel degelijk in een soort voortbestaan lijken te geloven, waaronder Geoffrey Read en David Ray Griffin.)

Bovendien is er vooralsnog geen enkel bewijsmateriaal voor het bestaan van een psychisch principe dat aan alle vormen van materie gekoppeld zou zijn. Die hypothese lijkt voor buitenstaanders daarom vooral een manier om het geloof in geesten die van buitenaf in een lichaam incarneren overbodig te maken.

Verder gaat panpsychisme meestal samen met *parallellisme*. Met die term bedoelt men dat de geestelijke aspecten van de werkelijkheid wel invloed hebben op elkaar maar niet op de fysieke aspecten. En vice versa; fysieke en mentale processen lopen parallel aan elkaar en 'raken' elkaar nooit. Parallellisten raken met zichzelf in tegenspraak wanneer ze stellen dat ze iets over het bewustzijn kunnen zeggen of schrijven. Als ze dat wel degelijk kunnen, heeft hun geest kennelijk invloed op fysieke organen zoals hun stembanden of handen. Andersom kunnen ze ook niets weten van de door hen gepostuleerde fysieke kant van de werkelijkheid, aangezien die geen invloed op hun geest kan hebben.

Persoonlijk vind ik dat dit soort bezwaren tegen niet-idealistische varianten van het panpsychisme te groot zijn om de stroming echt serieus te kunnen nemen. Ik ben dan ook geen panpsychist. Als het geestelijke werkelijk alles doordringt, dan denk ik zelf dat dit alleen in een idealistische zin goed denkbaar is. Dus zo dat het fysieke alleen 'in the mind' bestaat. Toch zit er ook voor mij een positief aspect aan de toegenomen belangstelling voor panpsychisme binnen de westerse filosofie. Het geeft in ieder geval aan dat het absurde en deprimerende materialisme terrein aan het verliezen is. Men is dus hoe dan ook wat wijzer aan het worden volgens mij.

Literatuur

- Berkeley, G. (1980). *Philosophical works*. Londen: Dent.
- Chalmers, D. (1996). *The Conscious Mind*. New York: Oxford University Press.
- Skrbina, D. (2005). *Panpsychism in the West*. Cambridge, Mss.: MIT Press.
- Strawson, G. (2006). *Consciousness and its Place in Nature*. Imprint Academic.

Dit artikel werd in 2011 gepubliceerd in een tijdschrift en in 2013 op txtxs.nl gezet.

Waarom materialisten géén punt hebben

Ik ben al bijna mijn hele volwassen leven een substantiedualist. In de loop der tijd ben ik gewend geraakt aan drogredenen die tegenstanders bijna als vanzelfsprekend tegen het substantiedualisme aanvoeren.

Tot mijn verbazing heeft één van de voornaamste argumenten waar materialisten waarde aan lijken te hechten betrekking op het gegeven dat de geest beïnvloed kan worden door de hersenen. Ik heb nooit zo goed begrepen waarom materialisten neurowetenschappelijk bewijsmateriaal voor somatogene invloeden zo belangrijk vinden voor de beoordeling van de innerlijke samenhang van interactionistisch substantiedualisme.

Laat me dit nader toelichten: in tegenstelling tot het idealisme of het parallellistische panpsychisme, aanvaardt het interactionistische dualisme een daadwerkelijke wisselwerking tussen de geest en het brein of de materie. Het beschouwt de interacties tussen deze twee verschillende, onreduceerbare ontologische domeinen als natuurlijk, hoewel niet logisch afleidbaar (dat zou namelijk alleen het geval kunnen zijn als één van genoemde domeinen herleidbaar was tot het andere, of als beide domeinen reduceerbaar waren tot een derde domein.) Dit betekent dat wat we empirisch ook allemaal vaststellen aangaande de interactie tussen de hersenen en de geest moeiteloos kan worden opgenomen binnen een dualistische ontologie, of het nu gaat om alledaagse vermoeidheid door lichamelijke inspanning, de ziekte van Alzheimer of vérgaande psychogene effecten op het brein. Volgens het interactionistische dualisme, doen we door middel van empirisch onderzoek kennis op over al deze invloeden van het brein op de psyche en vice versa, en hebben die invloeden allemaal te maken met één of meer specifieke natuurwetten rond interactie.

Het dualisme kan wat dit betreft duidelijk meer data aan dan het materialisme, omdat het

(a) niet ontkent dat er, zoals de alledaagse ervaring leert, een onreduceerbare, onstoffelijke persoonlijke geest of bewustzijn bestaat,

en

(b) de wisselwerking tussen geest en hersenen niet probeert te herleiden tot beginselen van de fysieke werkelijkheid, maar pogingen om dat te doen bij voorbaat als incoheren en daarom zinloos beschouwt.

Het materialisme stelt dat de wisselwerking tussen geest en hersenen alleen mogelijk is als de geest helemaal niet onreduceerbaar (maar bijvoorbeeld alleen als illusie) bestaat of alsnog fysiek is.
Aldus probeert het materialisme te ontkennen dat het dualisme volkomen verenigbaar is met het bestaan van een wisselwerking tussen geest en hersenen en ziet het over het hoofd dat interactie zelfs een inherent onderdeel vormt van het interactionistische dualisme.
Het realiseert zich niet dat het binnen de ontologie van het substantiedualisme geen zin heeft voornoemde wisselwerking te herleiden tot zuiver natuurkundige wetmatigheden, aangezien de geest nu eenmaal niet fysiek is.
Met andere woorden: materialisten hebben niet alleen geen punt, maar ze hebben zelfs geen idee hoe het substantiedualisme logisch in elkaar steekt.

Ik ben dit merkwaardige argument tegen het dualisme inmiddels zo vaak tegengekomen dat ik besloten heb tegenstanders voortaan naar dit stukje te verwijzen. Ze moeten het me maar vergeven dat ik het argument in het vervolg niet meer serieus wens te nemen.

Dit is een vrije vertaling van *Why materialists do not have a point: a brief note*, geplaatst op txtxs.nl

op 26 oktober 2016.

De mysterieuze relatie tussen hersenen en geest

In de afgelopen eeuwen is het materialisme steeds meer het overheersende mensbeeld in de natuurwetenschappen geworden. Sinds de periode van de 'Verlichting' werd door vrijdenkers als Diderot, La Mettrie en Voltaire gepleit voor een mensbeeld waarbij de geest volledig bepaald en bestuurd wordt door het brein en daar slechts een aspect van is (zie eindnoot 1). De moderne neuropsychologie die de relatie onderzoekt tussen de werking van hersengebieden en de geest staat sterk onder invloed van het materialisme (zie eindnoot 2). En juist de neuropsychologische gegevens worden tegenwoordig door veel materialisten gezien als bewijs voor hun filosofische positie. Soms gaan ze daar zo ver in, dat ze het als een teken van onwetendheid beschouwen als je tegenwoordig toch nog een niet-materialistische positie meent te moeten aanhangen. Ik zal in dit artikel eerst proberen aan te tonen dat het materialisme filosofisch gezien geen steek houdt. In plaats daarvan zal ik een positie over de relatie tussen hersenen en geest verdedigen die bekend staat als interactionistisch dualisme. Deze positie komt er op neer dat hersenen en geest niet van dezelfde orde zijn, maar wel met elkaar in wisselwerking staan.

Neuropsychologie

Ik wil mijn betoog beginnen met de constatering dat de neuropsychologie heeft aangetoond dat "normale" geestelijke activiteit (in de zin van functioneren) doorgaans gepaard gaat met "normale" fysiologische activiteit van de hersenen, en dat "abnormale" geestelijke activiteit doorgaans gerelateerd is aan abnormale hersenprocessen (zie eindnoot 3). Het heeft mijns inziens geen zin te loochenen dat de hersenen invloed hebben op ons bewustzijn. Iedereen kent uit eigen ervaring het voorbeeld van slaperigheid. Slaperigheid hangt in de eerste plaats samen met een fysiologisch ritme van de hersenen. Dit ritme veroorzaakt ongeveer elk etmaal een organische verandering, die leidt tot de subjectieve ervaring van slaperigheid. Nu is slaperigheid niet zo maar een verminderde helderheid van bewustzijn, maar ze gaat gepaard met motivationele veranderingen, met name met de wens om te slapen natuurlijk. Voor degenen onder ons die wel eens sterke drank nuttigen, is het somatopsychische effect hiervan welbekend, en hetzelfde geldt voor het gebruik van drugs en cafeïne, stimulatie van erogene zones, etc.

Het staat dus buiten kijf dat de hersenen ook bij mensen die geen psychiatrische patiënten zijn een grote invloed kunnen hebben op stemming, motivatie, reactievermogen, concentratie, cognitieve flexibiliteit, en ga zo maar door. Als we ons begeven in de wereld van de biopsychiatrie, dan zien we dat afwijkingen in het functioneren van de hersenen kunnen leiden tot zeer bizarre geestelijke stoornissen, variërend van het horen van stemmen en waangedachten tot vertekeningen in de perceptie van het eigen lichaam en dementie (zie eindnoot 4). De handicaps die men door hersenziekten geestelijk kan gaan vertonen behoren zonder twijfel tot de grootste menselijke tragedies. Zo heb ik zelf een goede vriend gehad die jarenlang psychologie heeft gestudeerd, maar hier voortijdig mee moest stoppen omdat hij plotseling een ziektebeeld ging vertonen dat als schizofrenie werd gediagnosticeerd. De man in kwestie heeft sindsdien weinig verbetering ervaren en in eerste plaats dankzij zijn medicijnen is het hem mogelijk een enigszins draaglijk, hoewel zeer onbevredigend leven te leiden. Men kan slechts hopen dat de wetenschap op een goede dag geneesmiddelen zal uitvinden die deze vreselijke hersenstoornis werkelijk zullen verhelpen, d.w.z. als het daar werkelijk om gaat (want sommige auteurs, zoals Marius Romme stellen dat schizofrenie geen wetenschappelijk concept is). Het heeft in zulke gevallen nogmaals absoluut geen zin om de soms harde neuropsychologische waarheid te ontkennen dat de hersenen een aanzienlijke invloed kunnen uitoefenen op de geest. Ik hoop dan ook dat het duidelijk is dat mijn betoog dit gegeven niet wil bestrijden. Wanneer het ziektebeeld schizofrenie geen goed voorbeeld vormt, dan zijn er hoe dan ook andere voorbeelden, zoals dementie, Alzheimer en Korsakoff. Wat ik echter wel bestrijd, is dat dit gegeven *materialistisch* moet worden geïnterpreteerd.

Weerlegging van materialisme

Wat bekend staat als materialisme omvat verschillende deelposities. Het zou te ver voeren om die hier allemaal apart te behandelen (Mensen die hier wel meer over willen weten verwijs ik graag door naar mijn boek *Geesten met of zonder lichaam*.) Ik zal met name stilstaan bij de reductionistische variant.

In het reductionisme stelt men botweg dat er geen bewuste geest bestaat, tenminste niet als daarmee een entiteit wordt bedoeld die niet fysiologisch is en zulke eigenschappen heeft als subjectiviteit en allerlei als zodanig niet volledig kwantitatieve dimensies zoals gevoelens, kleurenperceptie en dergelijke. Deze theorie is logisch gezien niet houdbaar om de volgende reden: Het reductionisme beweert dat er geen onreduceerbare geest is. Maar dan vergeet het, dat het zelf een geestelijke positie is, zoals alle intellectuele posities, en dus alleen binnen een onreduceerbaar geestelijk domein kan bestaan. Als het reductionisme niet geestelijk is, maar materieel, dan verliest het meteen al zijn inhoud, het is dan namelijk een intrinsiek betekenisloze materiële structuur. In een zuiver materiële wereld kunnen namelijk geen mysterieuze immateriële zaken zoals abstracties en betekenis bestaan.

Bijvoorbeeld: de zogeheten betekenis van symbolen in een computersysteem is voor dat systeem zelf volledig afwezig. De computer werkt niet omdat het symbolen omzet in betekenissen, maar omdat symbolen mechanisch worden omgezet in machinetaal, met andere woorden in elektronische commando's, die niets te maken hebben met de betekenis die mensen aan symbolen toekennen.

Het is dus duidelijk dat betekenissen strikt genomen alleen in de wereld van het bewustzijn of de onreduceerbare geest voorkomen. Door het bestaan van onreduceerbaar bewustzijn te ontkennen, zoals het reductionisme doet, ontkent die stroming direct ook zijn eigen betekenis, en is daarom met zichzelf in tegenspraak.

Het (reductionistische) materialisme kan er dus geen aanspraak op maken, in tegenstelling tot wat het zo vaak met ongepaste trots doet, de juiste interpretatie te bieden van de resultaten van neuropsychologisch onderzoek.

De psyche als oorzaak
Nu we gezien hebben dat het (reductionistische) materialisme wegens zijn inconsistentie niet voldoet om de relatie tussen hersenen en geest te verklaren, moeten we zoeken naar alternatieve theorieën. Er zijn

een paar theorieën die in zekere zin proberen zowel de kool als de geit te sparen. Ze proberen het bestaan van de geest in te passen in een systeem dat tegelijkertijd veel claims van de materialisten onaangetast laat. Het dichtst bij het materialisme ligt wat dit betreft het epifenomenalisme. Dit is de positie van de wat meer nadenkende filosoof en empirisch wetenschappers die een compromis zoeken tussen hun wetenschappelijke achtergrond en hun persoonlijke ervaring. Zo neemt de epifenomenalist aan dat er weliswaar een immaterieel bewustzijn bestaat, maar dat dat bewustzijn geen enkele invloed heeft op de werkelijkheid, noch op zichzelf noch op de materie. Er is veel kritiek geweest op het epifenomenalisme, omdat het dan wel erkent dat er een geest bestaat, maar vervolgens heel contra-intuïtief ontkent dat er zoiets is als psychogene causaliteit, dat wil zeggen: een inwerking van de geest op de werkelijkheid. Onlangs heb ik samen met Hein van Dongen een artikel geschreven, waarin de gangbare argumenten tegen het epifenomenalisme worden besproken en ook een eigen analytisch argument wordt geleverd (eindnoot 5). Ons eigen argument luidt dat als men stelt te weten dat er wel bewustzijn is, maar geen psychogene causaliteit, dit tegelijk moet betekenen dat men niet kan weten dat er bewustzijn is. Opdat we weten dat we bewust zijn, moet ons bewustzijn namelijk invloed hebben op ons kenapparaat, met andere woorden: op onze conceptuele vermogens en geheugen. Maar zo'n cognitieve invloed wordt uitgesloten door het epifenomenalisme, net als iedere andere vorm van invloed. Dat betekent dan dat het epifenomenalisme beweert dat het zekerheid heeft omtrent het bestaan van bewustzijn, terwijl het tegelijkertijd impliceert dat het nooit zulke zekerheid kan hebben. Een contradictie dus, waardoor het epifenomenalisme evenmin als het materialisme een bruikbare theorie is over de relatie tussen lichaam en geest.

De mythe van de volledige parallellie

Het epifenomenalisme dat zoals we boven gezien hebben bij voorbaat onaanvaardbaar is omdat het een basale contradictie bevat, waant zich gesteund door wat ik zou willen noemen: de mythe van de volledige parallellie tussen geest en hersenen.

Deze mythe van de parallellie luidt dat er een volkomen en ook reeds grotendeels in kaart gebrachte relatie zou bestaan tussen specifiek psychische en hersenprocessen. De mythe beleefde zijn hoogtepunt ten tijde van de nu algemeen als pseudo-wetenschap bekend staande 'frenologie' die een link legde tussen de vorm van de schedel en zeer specifieke geestelijke functies. Maar nog steeds gelooft men doorgaans dat samenhangen tussen geest en hersenen die werkelijk bij een groot aantal mensen worden vastgelegd, ook voor alle mensen zullen gelden. Ik zou nooit zover willen gaan om te zeggen dat er helemaal geen samenhangen zullen zijn (eindnoot 6), maar ik heb toch sterk de indruk dat men te weinig beseft wat er allemaal tegen deze mythe pleit.

Niet zo lang geleden kwam John Lorber wat dat betreft met voor materialisten, epifenomenalisten en parallellisten ronduit schokkend materiaal. Hij toonde aan dat er gevallen van mensen met een waterhoofd bestaan die slechts over een fractie van de neocortex (eindnoot 7) beschikten, maar toch in staat zijn om volledig normaal te functioneren en zelfs hoge intellectuele prestaties te leveren (eindnoot 8). John Lorber maakte systematische scans bij iemand die afgestudeerd was aan de Universiteit van Sheffield. Bij deze man werd aangetoond dat zijn cortex slechts ongeveer een millimeter dik was, terwijl deze normaal ongeveer 4,5 cm bedraagt. De schedel was voornamelijk gevuld met cerebrospinaal vocht. Ook andere experts in de VS en Groot-Brittannië hebben vastgesteld dat een individu met hoge intelligentie en normale vaardigheden slechts een fractie van de gemiddelde omvang van de hersenen kan bezitten. Ook de cortex kan daarbij enorm verschillen zonder dat dit handicaps hoeft te veroorzaken. Zelfs gangbare concepten over de functionele verschillen tussen rechter- en linkerhersenhelft staan tegenwoordig door het werk van Lorber en diens collega's op losse schroeven. Nu waren dit soort anomalische gevallen overigens al in de tijd van de frenologie bekend, getuige verslagen van de Franse onderzoeker Camille Flammarion (eindnoot 9). In de Franse krant *Les Temps - Annales de Sciences Psychiques*, juli 1914, blz. 218, stond een bericht over een klinisch geval, gemeld door M. Hallopeau aan de Société de chirurgie. Het betrof een meisje dat uit de metro viel en in ernstige toestand gebracht werd naar het Necker-ziekenhuis met alle symptomen van een schedelfractuur. Desondanks stelt de chirurg een ingreep uit omdat hij hoopt op een normaal herstel van de patiënte. Twee dagen later besluit hij echter toch te opereren. Men licht de schedel van het meisje en constateert dat er flinke bloeduitstortingen zijn, waarbij ook een groot deel van de hersenen tot pap geworden zijn. Men maakt het geheel schoon, en de patiënte blijkt helemaal te herstellen zonder symptomen. In januari van hetzelfde jaar meldde de eveneens Franse krant Le Journal reeds het geval van een 62-jarige man die na een lichte verwonding aan het hoofd enkele gezichtsstoornissen vertoonde. Hij leed echter niet aan verlammingen of convulsies. En zijn andere zintuigen functioneerden normaal. Na een jaar kreeg de man een soort epileptische aanval, waaraan hij overleed. Dokter Robinson, verbonden aan de Académie des Sciences, constateerde tijdens de autopsie dat de hersenen van deze man eruit zagen als een zachte cocon waaruit bij incisie een enorme hoeveelheid pus stroomde (eindnoot 10).

De Nederlandse neuropatholoog-anatoom Ebel J. Ebels concludeerde aan de hand van zijn jarenlange ervaring in 1980 (eindnoot 11): '(...) Zelfs in duidelijk pathologische gevallen is de correlatie tussen (hersen)structuren en gedrag absoluut niet altijd duidelijk. Zelfs zulke grote anomalieën als de afwezigheid van een corpus callosum of ernstige hypoplasie van het cerebellum leiden niet altijd tot ernstige gedragsstoornissen. Aan de andere kant legt zelfs het onderzoek van de hersenen van ernstig geestelijk gehandicapte mensen niet altijd duidelijke structurele afwijkingen bloot.'

Verder blijken er ook in de dierenwereld anomalieën voor te komen. Zo schijnen vogels, van wie het toch alleszins redelijk is om te veronderstellen dat ze uitstekend kunnen zien, niet over een aanzienlijke visuele cortex te beschikken. En er bestaat een soort miereneter die relatief gezien een grotere neocortex bezit dan de mens, maar die evenwel geen blijk geeft van een bovenmenselijke intelligentie. Dit is de zogeheten 'spiny anteater' een zoogdier dat eieren legt en verwant is aan het vogelbekdier (eindnoot 12). Vaak wordt ook walvisachtigen overigens tamelijk kritiekloos een grote intelligentie toegeschreven (hoewel daar gedragsmatig op zich wel meer reden toe lijkt dan bij de miereneter) *vanwege* hun grote hersenschors. Margaret Klinowska meldt echter dat zowel bij de genoemde miereneter als bij dolfijnen is vastgesteld dat ze geen paradoxale (REM)slaap vertonen. De grote omvang van hun cortex zou er toe kunnen dienen het gemis van deze functie te compenseren. In dat geval zou er dus geen enkele relatie met intelligentie hoeven te bestaan volgens haar. Overigens zijn er bij dolfijnen wel degelijk goede aanwijzingen voor zelfbewustzijn en begrip van symbolische communicatie, maar dat kun je dus niet zo maar rechtstreeks afleiden uit hun hersenschors. Een systematische studie van Giorgio Pilleri en collega's aan de Universiteit van Bern, naar de correlatie tussen hersenomvang en intelligent gedrag bij knaagdieren toonde aan dat het onmogelijk is een index van intelligentie op te stellen aan de hand van cerebrale quotiënten.

Dit alles toont aan dat de veronderstelling dat er een volledige parallellie zou bestaan tussen hersenen en geest inderdaad een mythe moet zijn. Geest en hersenen zijn allereerst zelfstandige entiteiten die door middel van ingewikkelde, vooralsnog grotendeels onbekende processen in wisselwerking met elkaar staan. De geest moet daarbij een veel grotere rol spelen dan men sinds lang in de wetenschap aanneemt, zoals met name duidelijk wordt door de gevallen van Lorber.

Overigens is het niet nodig om naar anomalieën te

zoeken om de totale 1:1 hypothese van de hersen-
geest relatie naar het rijk der fabelen te verwijzen. Het
is voldoende stil te staan bij zoiets basaals en
vertrouwds als het zien. De (normale) visuele ervaring
betreft een geïntegreerd beeld, gebaseerd op de
informatie van beide hemisferen. Nu is er
klaarblijkelijk niets in de hersenen dat die informatie
verspreid over zeer veel neuronen of hun synapsen in
de hersenen samenvoegt tot één neuronaal patroon dat
precies overeen zou komen met wat we subjectief
zien. Integendeel, de onderdelen van de visuele
ervaring gebaseerd op de informatie van één oog
worden al niet op die manier fysiologisch
geïntegreerd, laat staan dat dit met de nog complexere
binoculaire visuele ervaring wel het geval zou zijn. Of
zoals de misleide reductionisten het wat dat betreft
correct zeggen: Er zijn nergens in het hoofd 'plaatjes'
te bekennen. Moncrieff (eindnoot 13) concludeert dan
ook dat de visuele ervaring geen strikte parallel kent
in het brein, zodat de geest de uiteindelijke bron van
de integratie moet zijn.

Hersenen en geest: niet één maar twee
Met dualistisch interactionisme bedoel ik simpelweg
de positie dat er bij de relatie geest-hersenen twee
reële, fundamenteel verschillende entiteiten bestaan
en dat die twee verschillende entiteiten wederzijds
causaal op elkaar inwerken (eindnoot 14). Aanhangers

van dit idee krijgen vaak de volgende vraag voorgeschoteld. Hoe kan het dat twee fundamenteel verschillende entiteiten, namelijk het brein – een complex materieel orgaan – en het bewustzijn, elkaar beïnvloeden? De materie en de geest zijn namelijk geen schakeringen binnen één en hetzelfde palet, maar radicaal verschillende 'zijnden'. Het antwoord luidt mijns inziens dat er speciale natuurwetten moeten bestaan die materie en geest causaal verbinden, zonder dat er verder alsnog een mysterieus soort 'diepere' eenheid hoeft te worden aangenomen. Maar hoe moeten we ons de interactie nu precies voorstellen, waarin beïnvloeden geest en hersenen elkaar?

De functie van de hersenen voor de geest
Dat de hersenen een rol vervullen voor de geest staat buiten kijf voor wie zoals ik het dualistisch interactionisme aanhangt. Allereerst zijn de hersenen het punt in de materiële wereld van waaruit een geest zijn lichaam motorisch bestuurt. Door middel van grotendeels onbekende processen zijn wilsbesluiten gekoppeld aan het in werking treden van motorische signalen vanuit het centrale naar het perifere zenuwstelsel.
Bovendien zijn de hersenen de plaats waar alle zintuiglijke informatie samenkomt. De geest integreert deze informatie, wederom wetmatig, in

subjectieve ervaringen, en ook in vormen van lichamelijk genot en pijn.

Maar ook voor het interne geestelijke leven vervullen de hersenen een grotendeels onbekende rol, zoals we gezien hebben toen we stilstonden bij de neuropsychologie.

Aldus zijn er tenminste drie vormen van interactie tussen geest en hersenen; de sensoriek, de motoriek en de somatopsychische beïnvloeding van intrapsychische processen.

De somatopsychische beïnvloeding is daarbij het meest mysterieus omdat het, nadat men het materialisme terecht heeft verworpen, niet direct duidelijk is welke rol de hersenen in dezen vervullen. De studie van alledrie de vormen van interactie tussen geest en hersenen is nog lang niet voltooid, al heeft men reeds veel werk verricht en is men soms tot zeer merkwaardige bevindingen gekomen, zoals in het genoemde werk van John Lorber, in de ontdekking van een somatogene functionele dissociatie van bepaalde psychische processen bij zogeheten split brain patiënten (eindnoot 15), of in de 'romantische' neurologie van Oliver Sacks.

Een apart probleem, waar ik hier niet dieper op in kan gaan, is dat van het geheugen. In hoeverre is het geheugen een psychische of een cerebrale grootheid? En hoe hangt dat bijvoorbeeld samen met de gegevens die men in parapsychologisch onderzoek naar reïncarnatie kan aantreffen? (eindnoot 16)

Extracerebrale interactie van de geest met de materie

Het dualistisch interactionisme biedt de mogelijkheid om zich naast interacties tussen de hersenen en de geest ook vormen van wisselwerking van de geest met de materiële wereld voor te stellen die buiten de hersenen om gaan. Men denke wat dat betreft aan de fenomenen die worden onderzocht in de parapsychologie: helderziendheid, (extracerebrale) intrasomatische parergie zoals stigmatisatie en extrasomatische psychokinese. Bovendien kan men zich als dualistisch interactionist ook nog directe interacties tussen geesten voorstellen, die zich voltrekken zonder gebruik te maken van de hersenen, maar ook zonder tussenkomst van welke materiële entiteit dan ook, met andere woorden: telepathie.

Eindnoten
1. Isaiah Berlin, *The age of enlightenment: The 18th Century Philosophers*, New York, 1956.
2. G.R. Taylor, *Het Omega Effect: Verklaring van de geheimzinnige wisselwerking tussen hersenen en geest*, Amsterdam, 1980.
3. J.P. Schadé, *Onze hersenen*, Utrecht, 1984.
4. Oliver Sacks, *De man die zijn vrouw voor een hoed hield*, Meulenhoff Nederland, Amsterdam.

5. Titus Rivas en Hein van Dongen, Exit Epifenomenalismo, *Revista de Filosofía*, Santiago de Chile, 2001, en Exit Epiphenomenalism, *Journal of Non-Locality and Remote Mental Interactions, 2003* .

6. Op deze samenhang baseert men onder meer het zogeheten analogiepostulaat, ook naar dieren toe, zoals ik elders met Esteban Rivas betoog. Zie onder meer: Esteban en Titus Rivas, 'Zijn mensen de enige dieren met bewustzijn?', *Prana, 72*, 1992, blz. 83-88.

7. Deel van de hersenen dat doorgaans het meest in verband wordt gebracht met onze typisch menselijke, hogere vermogens zoals verbale intelligentie en dergelijke.

8. Zie R. Lewin, 'Is your brain really necessary?' *Science* 210, 1980, blz. 1232-1234.

9. Camille Flammarion, *Het raadsel van de dood: Deel I. Voor de dood*. Zaltbommel, 1922.

10. *Annales de Sciences Psychiques*, juli 1914, blz. 218 en *Annales de Sciences Psychiques*, januari 1914, blz. 29.

11. Ebel J. Ebels, 'Maturation of the central nervous system', in: Michael Rutter (Ed.), *Scientific Foundations of Developmental Psychiatry*, William Heineman Medical Books Limited, Londen 1980, blz. 37.

12. Margaret Klinowska, 'Are cetaceans especially smart?', *New Scientist*, 29 oktober 1988.

13. M.M. Moncrieff, *The clairvoyant theory of*

perception: A new theory of vision, Londen 1973, blz. 168. Waarschijnlijk zal deze stelling bestreden worden door aanhangers van de artificiële intelligentie die beweren dat er verschillende niveaus van verwerking van de visuele informatie bestaan, en op één daarvan een integratie plaatsvindt van de informatie van beide hersenhelften tot één visueel model. Er schuilt een grote denkfout in deze voorstelling van zaken. De niveaus van verwerking bestaan namelijk alleen als abstractie, ze hebben los daarvan geen aparte fysische realiteit. Anders gezegd: Los van onze theorieën kunnen in de materiële wereld alleen de fysiologische (of elektronische) verwerkingsprocessen bestaan. We kunnen dus alleen kijken of op dat (enig werkelijk) 'niveau' een integratie plaatsvindt. In de computer zelf is net zo min als in de neuronen sprake van visuele integratie zoals we die wel kennen uit ons subjectieve bewustzijn.

14. Karl L. Popper en John C. Eccles, *The self and its brain*, Berlijn, 1977.
15. D.N. Robinson, 'Cerebral Plurality and the unity of self', *American Psychologist*, 37, 1982, blz. 904-910.
16. Titus Rivas, 'Waarom reïncarnatie waarschijnlijk lijkt', *Prana 74*, 1992/1993, blz. 52-55.

Dit artikel werd eerder gepubliceerd in *Prana 78*,

1993, blz. 69-74. Het is slechts op enkele punten aangepast aan de actualiteit

Josha Velkers verwees in 2004 naar dit artikel voor een scriptie in het kader van haar studie psychologie aan de Universiteit van Amsterdam, *De mogelijke impact van parapsychologie: Een nieuwe kijk op de moderne wetenschap.*

Brein en bewustzijn: hoe mysterieus is het verband ertussen?

(Mede namens Stichting Athanasia, samen met Anny Dirven)

In het rooms-katholicisme noemt men leerstellingen die je als mens niet goed zou kunnen begrijpen van oudsher "mysteries van het geloof". Een bekend voorbeeld is het dogma dat God eenmalig geïncarneerd zou zijn, namelijk in Jezus Christus. Daarbij zou hij helemaal mens zijn geworden maar ook helemaal God zijn gebleven. Niet-gelovigen beschouwen dit soort dogma's als onbegrijpelijke onzin, maar theologen wijzen er op dat er nu helemaal dingen zijn die ons verstand te boven gaan.

Mysteries buiten een religieuze context
Met de term *mysterie* duiden we meestal iets aan wat nog niet goed begrepen wordt.
We kunnen het bijvoorbeeld hebben over het mysterie va de Bermuda Driehoek of over een mysterieuze verdwijning.

Sommige mensen zijn een beetje verslaafd aan mysteries en vinden het zelfs jammer wanneer ze opgelost worden. In de parapsychologie kennen we bijvoorbeeld mysterie-jagers die speuren naar verschijnselen waarvan nog niet duidelijk is hoe ze verklaard moeten worden. De vraag of ze echt paranormaal zijn of niet lijkt in dat geval minder belangrijk dan het feit dat er nog geen adequate verklaring voor bestaat. Zulke onderzoekers zijn dus ook minder bezig met theorievorming, omdat die het mysterie uiteindelijk tot algemene principes zou kunnen terugvoeren. Dat is nu juist niet de bedoeling voor hen.

Ook in de filosofie komen volgens bepaalde denkers mysteries voor. Dit zijn dan vraagstukken die nog niet opgelost lijken te kunnen worden. Bijvoorbeeld de kwestie van de rol van het kwaad binnen de werkelijkheid. Of de vraag naar de oorsprong van onze morele intuïties.
In het algemeen gaat het bij filosofische mysteries om verschijnselen waarvan het bestaan niet in twijfel wordt getrokken, terwijl ze vooralsnog niet lijken te passen binnen het gehanteerde wereldbeeld.

Bewustzijn in een fysieke wereld
Binnen de hedendaagse filosofie van de geest speelt het volgende vraagstuk een centrale rol. Hoe valt het te rijmen dat ons lichaam helemaal uit materie bestaat en we desondanks bewustzijn ondergaan? Van oudsher zijn hier drie hoofdantwoorden op

geformuleerd:

(1) Het bewustzijn hoort niet bij de materiële realiteit maar bij een *ziel* die slechts in wisselwerking staat met het lichaam, zonder eruit voort te komen.
(2) Het bewustzijn en het lichaam horen van nature bij elkaar. Dit kan zo worden opgevat dat de hele materie gepaard gaat met vormen van geest of bewustzijn. Maar ook de theorie dat een bepaalde organisatie van de hersenen leidt tot een bepaalde vorm van bewustzijn is er een voorbeeld van.
(3) Het gaat volgens sommigen om een schijnprobleem. Bijvoorbeeld omdat bewustzijn niets anders zou zijn dan de werking van bepaalde delen van de hersenen. Of juist omdat het lichaam een soort "gematerialiseerde geest" zou zijn. Het vraagstuk van de verhouding tussen bewustzijn en lichaam (of hersenen) is natuurlijk alleen aan de orde als het bewustzijn en het lichaam allebei echt bestaan.

Naturalisme binnen de filosofie van de geest
Zoals we al eens eerder hebben geschreven, zijn de meeste filosofen van de geest tegenwoordig "naturalisten". Daarmee wordt niet bedoeld dat ze lid zijn van een natuurbeschermingsorganisatie. Ze hangen de theorie aan dat de hele werkelijkheid is ontstaan uit de materie. Als er al een bewustzijn bestaat, dan hoort dat volgens die filosofen van *nature*

bij de materie. Hetzij omdat de hele fysieke werkelijkheid bezield is, hetzij omdat bepaalde materiële structuren (bijvoorbeeld de hersenen) bewustzijn zouden voortbrengen.

De meeste naturalisten vinden alleen bovenstaande antwoorden (2) en (3) op het vraagstuk van bewustzijn in een fysieke wereld acceptabel. Ze wijzen antwoord (1) dus bij voorbaat af, omdat het niet strookt met hun theorie dat de hele werkelijkheid uit de materie voortkomt.
De discussie concentreert zich overigens meestal op de vraag hoe bewustzijn en de materie bij elkaar zouden kunnen horen (antwoord 2). Er zijn trouwens zeker ook invloedrijke denkers, zoals Daniel C. Dennett, die stellen dat het om een schijnprobleem gaat (antwoord 3).

De bekendste hedendaagse filosoof die het vraagstuk van de verhouding tussen geest en lichaam op de kaart gezet heeft, is de Australische naturalist David Chalmers. Hij spreekt van een "hard problem"; een moeilijk probleem of lastig vraagstuk. Volgens hem is het duidelijk dat bewustzijn echt bestaat en dat het om iets anders gaat dan hersenprocessen. Tegelijkertijd neemt hij als naturalist aan dat er geen ziel bestaat die in wisselwerking staat met het brein. Een leven na de dood, reïncarnatie of paranormale waarnemingen zijn dus werkelijk onbestaanbaar voor Chalmers.

Het lastige vraagstuk laat zich voor Chalmers daarom formuleren als: Hoe kan het dat we bewuste ervaringen ondergaan die zelf niet fysiek zijn maar wel geheel en al voortgebracht worden door de hersenen?

Mysterianisme

Tegenstanders van het naturalisme wijzen erop dat het bestaan van bewustzijn helemaal niet te rijmen valt met een materialistisch wereldbeeld. Het bewustzijn heeft namelijk subjectieve en kwalitatieve eigenschappen die ontbreken binnen de fysieke realiteit. Bovendien moet er een ziel of zelf zijn waaraan het bewustzijn zich voltrekt. Die ziel kan niet zomaar ontstaan zijn uit de neurologische werking van de hersenen. Zodra we dit beseffen, is er geen reden meer om parapsychologisch bewijsmateriaal te negeren en bijvoorbeeld een voortbestaan na de dood bij voorbaat af te wijzen.

Naturalisten stellen daarentegen dat er geen enkele reden is om het bestaan van een ziel die "van buiten" komt serieus te nemen. Ze betitelen de theorie van zo'n ziel die in interactie staat met de hersenen als "mysterianisme". Daarmee bedoelen ze dat tegenstanders hoe dan ook vast willen houden aan de veronderstelling dat er een mysterie in het spel is, om op die manier niet aan het naturalistische wereldbeeld te hoeven. Veel naturalisten onderkennen dus wel dat er een reëel vraagstuk is, maar ze willen dat vraagstuk alleen binnen een naturalistisch denkkader te lijf gaan. Aanhangers van een ziel, zoals wijzelf, zijn niet gelukkig met de term "mysterianisme". We stellen namelijk helemaal niet dat de verhouding tussen bewustzijn en lichaam een onoplosbaar mysterie is. Integendeel, we hangen er een duidelijke theorie over aan. Het bewustzijn komt niet op een mysterieuze manier voort uit het brein, maar hoort bij een ziel die met dat brein interacteert. Het enige dat daaraan "mysterieus" mag heten is dat de specifieke interactie-wetmatigheden nog lang niet in kaart gebracht zijn (zie het vorige stuk in deze bundel). Maar dat is een heel ander soort mysterie dan hier aan de orde is.

Nieuw mysterianisme
De benaming mysterianisme is dus niet van toepassing op tegenstanders van het naturalisme. Er zijn echter naturalistische denkers die zichzelf met een Engels woord "mysterians" noemen. Om ze te onderscheiden van mensen die geloven in een ziel, worden ze ook wel als *new mysterians* aangeduid. Beroemde filosofen die tot deze stroming worden gerekend zijn Colin McGinn, Thomas Nagel, John Searle en Noam Chomsky. Ook de sceptische

neuroloog Sam Harris en de psycholoog Steven Pinker worden vaak genoemd in dit verband.

De aanhangers van het nieuwe mysterianisme zijn per definitie naturalisten. Ze geloven dus niet in een onafhankelijke ziel of paranormale verschijnselen. Wel onderkennen ze het lastige vraagstuk (hard problem) van David Chalmers. Het bewustzijn komt volgens deze naturalisten met andere woorden ongetwijfeld voort uit neurologische processen in de hersenen. Maar het blijft volstrekt onduidelijk hoe dat mogelijk is.

Tegenstanders van het naturalisme, zoals wijzelf, concluderen uit de onoplosbaarheid van het "lastige vraagstuk" van Chalmers dat het bewustzijn domweg geen product van de hersenen kan zijn. "New mysterians" trekken een andere conclusie. Volgens hen staat het bij voorbaat vast dat het bewustzijn gegenereerd wordt door de hersenen. Daar valt dus niet aan te tornen. Tegelijkertijd onderkennen ze dat we niet (zouden) begrijpen hoe het bewustzijn dan ontstaat vanuit het brein. Ze redeneren als volgt: "We weten dat bewustzijn door hersenprocessen wordt voortgebracht, ook al kunnen we niet bedenken hoe dit gebeurt. Het probleem ligt dus niet bij het naturalistische wereldbeeld, maar bij ons verstand. De verhouding tussen lichaam en geest gaat ons menselijk begripsvermogen te boven, waardoor het bij voorbaat een mysterie moet blijven."

Deze stelling lijkt op het eerste gezicht sterk op de verdediging van katholieke dogma's als mysteries van het geloof. Toch is dat maar schijn. Bij religieuze mysteries gaat het om "hogere" zaken die alleen door hogere wezens zoals God begrepen kunnen worden. Volgens het nieuwe mysterianisme is er iets anders in het spel dat ons helemaal niet met ontzag moet vervullen.

De beperktheid van het menselijke verstand
Binnen het naturalistische wereldbeeld is het denkvermogen van de mens een gevolg van de biologische evolutie. Het is toegerust om de zintuiglijk waarneembare werkelijkheid te doorgronden en zo de kansen op overleven en voortplanting te optimaliseren. Alle vraagstukken die niet direct te maken hebben met de tastbare realiteit zijn daarom moeilijk voor mensen. Dit geldt met name voor abstracte vraagstukken, bijvoorbeeld uit de wiskunde, logica of filosofie.

Volgens "new mysterians" zijn er ook vraagstukken die helemaal niet oplosbaar zijn voor mensen. Het gaat dan bijvoorbeeld om kwesties die betrekking hebben op delen van de werkelijkheid die niet zintuiglijk waarneembaar zijn. We kunnen wel merken dat we bewuste ervaringen hebben, maar we kunnen niet begrijpen hoe die bewuste ervaringen voortkomen uit de fysieke werkelijkheid. Zo'n verband is namelijk zelf niet zintuiglijk waarneembaar en behelst ook meer dan een abstractie (afgeleid uit zintuiglijke waarnemingen). Daarom stellen McGinn en anderen dat we niet in staat zijn te begrijpen hoe het lastige vraagstuk opgelost moet worden. Het zal voor altijd een mysterie blijven.

Let wel, dat we het bestaan van bewustzijn te midden van een fysieke realiteit niet begrijpen, betekent voor de aanhangers van deze stroming niet dat dit moet samenhangen met een geestelijke orde die die fysieke realiteit overstijgt. Het gaat uitsluitend om een beperking van onze denkvermogens. Tegenstanders hoeven dan ook alleen maar aan te tonen dat ons verstand minder beperkt is dan men denkt. Op zich is dat binnen het naturalistische wereldbeeld niet zo moeilijk voorstelbaar. Het is mogelijk dat het verstand ontstaan is om bepaalde concrete problemen op te lossen, maar toch zo in elkaar steekt dat het nog veel meer aan kan. Het gaat dus nogal ver om zómaar te stellen dat iets ons verstand te boven gaat.

Onbegrijpelijk versus onwaar
Het mysterianisme stelt dat het "lastige vraagstuk"

van het ontstaan van bewustzijn uit hersenprocessen onbegrijpelijk voor ons is. Het heeft in die zin gelijk dat áls bewustzijn uit de hersenen voort zou komen niet te begrijpen valt hoe dat zou kunnen gebeuren. Dat heeft echter niets te maken met een beperking van ons menselijk verstand waardoor we niet zouden inzien waarom sommige hersenprocessen bewustzijn voortbrengen. *Het is niet te begrijpen, omdat het niet waar is!*

De "new mysterians" willen koste wat kost vasthouden aan een voorstelling van zaken die helemaal niet vanzelfsprekend is. Er is zoals gezegd een belangrijk alternatief, namelijk dat er een onafhankelijke geest of ziel is die slechts in wisselwerking staat met de fysieke hersenen. Als men dat alternatief eindelijk eens serieus zou nemen, zou er bovendien een heleboel ruimte komen voor het bestuderen van paranormale fenomenen. Die worden nu meestal niet alleen "mysterieus" gevonden maar regelrecht onbestaanbaar. Terwijl dat juist voor de these van de creatie van bewustzijn door de hersenen zou moeten gelden.

Literatuur
– Chalmers, D. (1996). *The Conscious Mind*. New York: Oxford University Press.
– Dennett, D.C. (1991). *Consciousness explained*.

Penguin.
- Harris, S. (2011). *The mystery of consciousness.*
https://www.samharris.org/blog/item/the-mystery-of-consciousness-ii
- McGinn, C. (1993), *Problems in Philosophy: The Limits of Inquiry.* Blackwell
- McGinn, C. (2012). *All machine and no ghost?*
http://www.newstatesman.com/ideas/2012/02/consciousness-mind-brain
- Nagel, Th. (2012). *Mind and cosmos.* New York: University Press.
- Rivas, T. (2012). *Geesten met of zonder lichaam.* Lulu.com.

Dit artikel werd gepubliceerd in *Paraview*, *19*, 2, 12-15, mei 2016.

Hersenen en geest

(Mede namens Stichting Athanasia, samen met Anny Dirven)

De parapsychologie wordt door skeptici niet of nauwelijks serieus genomen, omdat ze radicaal in strijd is met het mensbeeld van de gangbare wetenschap. Eén van de belangrijkste peilers van dit mensbeeld betreft de verhouding tussen hersenen en bewustzijn. Volgens veel natuurwetenschappers is het menselijk bewustzijn helemaal gebonden aan het brein. Al onze gedachten, gevoelens, verlangens, herinneringen, etc. zouden zich letterlijk in de hersenen bevinden en daar ook van afhankelijk zijn. Als ze gelijk hebben met deze visie, is elke vorm van parapsychologisch onderzoek in feite onzinnig, omdat zulk onderzoek altijd te maken heeft met een geest die de lichamelijke beperkingen overstijgt. Skeptici stellen om die reden zelfs regelmatig dat bewijsmateriaal voor het bestaan van een bewustzijn of geest die niet samenvalt met het brein gewoon genegeerd mag worden. Het zou namelijk altijd gaan om onbetrouwbare anecdotes die niet opwegen tegen veel hardere, natuurwetenschappelijke bewijzen voor het tegendeel.

Neurologisch bewijsmateriaal

In de neurologie en neuropsychologie is aangetoond dat het brein op verschillende manieren invloed kan hebben op het bewustzijn. Allereerst komen er in de hersenen allerlei zintuiglijke prikkels binnen waardoor we ons een beeld kunnen vormen van ons eigen lichaam en van de buitenwereld. Maar ook denken en herinnering kunnen beïnvloed worden door hersenprocessen. Bij afasie is er bijvoorbeeld sprake van aantasting van een taalcentrum en iedereen kent wel voorbeelden van patiënten met de ziekte van Alzheimer of Korsakoff. In het geval van psychiatrische ziekten zoals schizofrenie en manische depressie wordt een verband gemeld met een verstoring van het fysiologisch evenwicht in het brein. En bij handicaps als het Down-syndroom en autisme wordt ook vaak een link gelegd met het functioneren van de hersenen. Ook in het dagelijkse leven hebben we te maken met de invloed van hersenprocessen op ons doen en laten. Slaapgebrek kan bijvoorbeeld leiden tot een verminderde concentratie en zelfs tot hallucinaties. Verslavingen, maar net zo goed 'matig' gebruik van alcohol en drugs, hebben alles te maken met het effect van biochemische veranderingen in de hersenen op ons geestelijke welbevinden. En zo kunnen we nog een tijd doorgaan.

Interpretaties

Nu doen skeptici het dus voorkomen alsof je redelijkerwijs alleen in parapsychologische fenomenen kunt geloven als je alle bewijsmateriaal voor de beïnvloeding van de geest door de hersenen negeert of loochent. Ze schijnen niet te beseffen dat hun overtuiging dat de geest volledig beperkt en bepaald wordt door de hersenen slechts één interpretatie is van het neurologische bewijsmateriaal. Er zijn in feite minstens vier belangrijke denkrichtingen die het allemaal met elkaar eens zijn dat de geest op allerlei manieren beïnvloed kan worden door de hersenen:

- Allereerst zijn er de eliminativisten en reductionisten, zoals Daniel C. Dennett, die botweg ontkennen dat er een geest of bewustzijn in een niet-stoffelijke zin bestaat. Volgens hen is bewustzijn een achterhaald begrip dat vervangen moet worden door volledig neurologische concepten (eliminativisme) of anders gewoon maar een ander woord voor bepaalde hersenprocessen (reductionisme). Deze positie lijkt behoorlijk populair onder skeptici en wordt o.a. uitgedragen door Susan Blackmore.
- Anderen, zoals David Lewis, stellen dat er wel een bewustzijn bestaat maar dat dit eigenlijk niet meer is dan een illusie. Mensen beleven van binnen wel van

alles, maar in feite zijn die ervaringen uiteindelijk toch hetzelfde als hersenprocessen.

- Dan zijn er nog denkers, zoals David Chalmers en Ray Jackendoff, die erkennen dat bewustzijn niet zo maar gelijk gesteld kan worden aan hersenprocessen, maar tegelijk wel menen dat het bewustzijn volkomen machteloos is. Ze noemen het bewustzijn een bijverschijnsel (epifenomeen) dat geen enkele invloed uitoefent op de werkelijkheid. De geest zou volledig bepaald worden door het brein en zelf geen enkel hersenproces in gang zetten.

- Tot slot zijn er nog de interactionistische dualisten, zoals John Beloff, Howard Robinson en ondergetekende (en ook David Chalmers lijkt enigszins deze kant op te schuiven de laatste jaren), die stellen dat hersenen en geest elkaar wederzijds beïnvloeden zonder dat ze met elkaar samenvallen.

Daarnaast heb je ook nog zogeheten idealisten die stellen dat de hersenen (als onderdeel van de fysieke wereld) zelf een product van de geest zijn. En dit zijn nog slechts de invloedrijkste westerse stromingen.

Uit het voorgaande blijkt dat skeptici zich blindstaren op alleen hun eigen theorie en onvoldoende beseffen dat het ook echt om een interpretatie gaat. Het is dan ook niet vol te houden dat je parapsychologisch bewijsmateriaal dat ertegen ingaat gewoon maar mag negeren.

Geest en hersenen
In feite gaat al het parapsychologische bewijsmateriaal in tegen de materialistische gedachte dat de geest volledig bepaald en begrensd wordt door het brein.
Dit geldt voor ESP (d.w.z. telepathie en helderziendheid) waarbij de geest buiten de normale zintuigen om informatie vergaart over de buitenwereld of over andere geesten. Maar ook voor psychokinese waarbij de geest de fysieke realiteit beïnvloedt. En natuurlijk voor parapsychologisch bewijsmateriaal voor een leven na de dood en reïncarnatie. Veel van dit materiaal heeft betrekking op mensen van wie de hersenen al dood zijn. Maar er zijn ook gevallen bekend waarbij de hersenen nog intact zijn, maar helemaal stil liggen. In een vorig nummer van Paraview hebben we al eens stilgestaan bij het geval Pam Reynolds.
Een ander voorbeeld is de casus van de Amerikaanse chauffeur Al Sullivan. Het geval werd in 1990 ontdekt door Bruce Greyson. Enkele jaren tevoren had Meneer Sullivan op 56-jarige leeftijd een spoedoperatie ondergaan in het Hartford Ziekenhuis te Connecticut. Hij had last gehad van hartritmestoornissen tijdens zijn werk en toen hij onderzocht werd in het ziekenhuis, raakte een van zijn

kransslagaders geblokkeerd zodat hij direct geopereerd moest worden. Tijdens de operatie voelde hij hoe hij zijn lichaam verliet. Tot zijn verbazing zag hij onder meer zichzelf op een tafel liggen met lichtblauwe lakens over hem heen, en hij zag ook hoe hij opengesneden werd om zijn borstkas bloot te leggen. Hij zag zijn hart en ook zijn chirurg die hem voor de operatie had uitgelegd wat hij zou gaan doen. Deze chirurg zag er een beetje perplex uit. Het leek wel alsof hij met zijn armen 'klapperde' en probeerde te vliegen. Direct na de operatie beschreef Sullivan dit gedrag van zijn hartchirurg, dr. Hiroyoshi Takata, tegenover een andere arts. Dokter Takata bleek telkens als hij tijdens een operatie wou voorkomen dat zijn steriele handen in aanraking zouden komen met aanwezige voorwerpen, zijn handpalmen plat tegen zijn borst aan te leggen. Daarbij gaf hij zijn assistenten instructies door dingen aan te wijzen met zijn ellebogen.

De onderzoekers Cook, Greyson en Stevenson stelden vast dat Al Sullivan op het tijdstip waarop Takata met zijn armen had geklapperd, hoogstwaarschijnlijk echt buiten bewustzijn en onder volledige verdoving had verkeerd. Dit leidden zij af uit diens eigen verslag van zijn BDE. Hij beweert namelijk dat dr. Takata het gedrag vertoonde terwijl hij als enige bij zijn geopende borst stond, die open gehouden werd door metalen klemmen, en terwijl twee andere chirurgen bezig waren met zijn been. Dit laatste verwonderde Sullivan tijdens de bijna-doodervaring zelf, omdat hij het verband niet begreep met de hartoperatie. Pas later vernam hij dat men een ader nodig had voor de bypass. Ook al vond het merkwaardige gedragspatroon van Takata plaats in de operatiezaal zelf, de onderzoekers kunnen zich niet voorstellen hoe de volledig verdoofde en bewusteloze Sullivan het patroon ooit op een normale manier had kunnen waarnemen.

Dit soort gevallen zijn absoluut niet te plaatsen als de geest volledig beperkt wordt door de hersenen. Skeptici kiezen er daarom maar voor de gevallen weg te redeneren of te negeren. Dat zal steeds moeilijker worden, doordat mensen langzamerhand minder genoegen nemen met de verwarring tussen neurologisch bewijsmateriaal en de dogmatische skeptische interpretatie daarvan.

Literatuur
- Chalmers, D. (1996). *The Conscious Mind.* New York: Oxford University Press.
- Cook, E.W., Greyson, B., & Stevenson, I. (1998). Do any Near-Death Experiences provide evidence for the survival of human personality after death? Relevant features and illustrative case reports. *Journal of Scientific Exploration, 12*, 3, 377-406.

- Dennett, D.C. (1995). *Het bewustzijn verklaard.* Uitgeverij Contact.
- Kelly, E. *Inadequacies of contemporary mind/body theories.* Paper op http://www.esalen.org
- Lommel, P. v., Wees, R. v., Meyers, V., & Elfferich, I. (2001). Near-death experience in survivors of cardiac arrest: a prospective study in the Netherlands. *The Lancet, 358*, 9298, 2039-2044.
- Rivas, T. (1993). De mysterieuze relatie tussen hersenen en geest. *Prana, 78*, 69-74.
- Rivas, T. (2003). *Geesten met of zonder lichaam.* Delft: Koopman & Kraaijenbrink.
- Rivas, T. (2004). *Encyclopedie van de Parapsychologie van A tot Z.* Rijswijk: Uitgeverij Elmar.
- Rivas, T. (2004). Al Sullivan: een bijna-doodervaring met paranormale indrukken. *Terugkeer, 15(4)*, 19-21.
- Rosenthal, D.M. "Identity Theories", in: Guttenplan, S. *A Companion to the Philosophy of Mind.* Blackwell, Oxford, 1994.
- Smit, R.H. (2003). De unieke BDE van Pamela Reynolds (Uit de BBC-documentaire "The Day I Died". *Terugkeer*, 14 (2).

Dit artikel verscheen eerder in *Paraview*, jaargang 8, nummer 2, mei 2004, blz. 18-19.

De functie van de hersenen voor de geest

(Geschreven namens Stichting Athanasia, samen met Anny Dirven)

Als je de materialisten mag geloven, is er voor bewustzijn altijd een werkend brein nodig. Onze bewuste waarnemingen, gedachten, gevoelens, verlangens, herinneringen et cetera zouden volgens hen direct afhankelijk zijn van neurologische processen in ons hoofd. De hersenen zouden de basis vormen van de geest en daarbuiten zou de geest letterlijk niet kunnen overleven. We zouden nergens zijn zonder ons brein.

Materialistische theorieën

Dit wordt op verschillende manieren uitgewerkt:

– Sommige materialisten, zogeheten *reductionisten*, stellen dat onze geest of psyche gewoon een ander woord is voor bepaalde hersenprocessen. Geestelijke processen zouden herleid oftewel 'gereduceerd' kunnen worden tot neurologische processen. Deze theorie zie je tegenwoordig bijvoorbeeld regelmatig weerspiegeld in Nederlands vertalingen uit Engels waarin het woord 'mind' (geest) vertaald wordt als 'brein' of 'hersenen'. Dit kan komische misverstanden opleveren zoals wanneer men in de oorspronkelijke, Engelse tekst praat over uittredingen waarbij de 'mind' de 'brain' verlaat en dit vertaald wordt als situaties waarin de hersenen de hersenen verlaten.

– Andere materialisten, de *eliminativisten*, gaan nog een stap verder door te stellen dat we termen als geest, bewustzijn of psyche moeten afschaffen oftewel 'elimineren'. Volgens hen heeft wetenschappelijk onderzoek uitgewezen dat er alleen hersenprocessen zijn. Termen zoals geest verwijzen daarom naar voorwetenschappelijke concepten die inmiddels uit de tijd zijn. Ze moeten vervangen worden door neurologische vaktermen.

– Weer andere materialisten gaan uit van zogeheten *emergente* of *holistische aspecten* van het brein die het zuiver neurologische overstijgen. Op die manier kunnen ze vasthouden aan noties als bewustzijn, gedachten en gevoelens zonder die te hoeven herleiden tot het brein in de fysieke zin. Wel blijven ze van mening dat de geest volledig afhankelijk is van de hersenen. Als de hersenprocessen ophouden, gaat ook voor het bewustzijn het licht uit.

Onhoudbaar materialisme

Het materialisme is in al zijn varianten onhoudbaar. Het bewustzijn *bestaat*, wat eliminativisten ook mogen beweren. Het is niet hetzelfde als een fysiek proces in de hersenen, ook al is dat wat reductionisten zeggen. En het blijkt ook door te gaan als de hersenen stilliggen. Zoals wij samen met Rudolf Smit hebben aangegeven in ons nieuwe boek *Wat een stervend brein niet kan*, is hier inmiddels echt voldoende bewijsmateriaal voor verzameld. Mensen blijken nog bewuste ervaringen te kunnen hebben, terwijl ze een hartstilstand hebben en hun brein en zintuigen dus uitgeschakeld zijn. Dit toont duidelijk aan dat bewustzijn niet alleen meer is dan een soort elektrische stroompjes binnen onze schedel, maar ook los daarvan kan blijven functioneren. Dit gaat regelrecht in tegen de holistische vormen van materialisme. Om bewuste ervaringen te kunnen ondergaan, hebben we kennelijk geen brein nodig. Uit bijna-doodervaringen tijdens een hartstilstand blijkt bovendien dat het bewustzijn zonder hersenen zelfs helderder en rijker kan zijn dan het gewone waakbewustzijn.

Het materialistische wereldbeeld kan dus echt niet op waarheid berusten. Dat levert een interessant vraagstuk op: als het brein strikt genomen niet nodig is voor ons bewustzijn, wat is dan wél de functie van de hersenen voor de geest?

Hersenen als lichaamsdeel
Als we ons buigen over deze vraag, wordt één ding

meteen duidelijk. De hersenen vormen het belangrijkste fysieke orgaan in het lichaam van de mens en andere diersoorten. Alle lichaamsprocessen worden normaliter gestuurd vanuit het brein. Dit geldt niet alleen voor bewuste motorische handelingen, maar ook voor zogeheten autonome activiteiten zoals de ademhaling. Het brein wordt samen met het ruggenmerg het centrale zenuwstelsel genoemd omdat het verantwoordelijk is voor alle 'centraal gestuurde' processen in het lichaam. Het is wat dat betreft vergelijkbaar met een centrale computer in een fabriek.

Voor materialisten zijn geestelijke processen domweg een soort rekenprocessen die het brein daarbij gebruikt om alles goed te kunnen coördineren en plannen. In het algemeen zouden de hersenen zintuiglijke prikkels uit de buitenwereld, maar ook uit het eigen lichaam, verwerken en met elkaar in verband brengen. Op basis van de informatie die daaruit rolt zou het met behulp van een soort aangeboren en aangeleerde "programma's" bepalen welke willekeurige en onbewuste handelingen het lichaam moet verrichten.

Psychisch functioneren en het brein

Het lichaam-geest dualisme vormt een bekend alternatief voor het materialisme bij de verklaring van de verhouding tussen de psyche en het fysieke lichaam. Mensen die zoals wijzelf deze theorie aanhangen, erkennen dat het brein heel erg belangrijk is voor het onbewuste lichamelijke overleven en voor de verwerking van informatie en het uitvoeren van motorische handelingen. Alleen zien we de geest daarbij niet als een soort verzameling computerachtige processen in de hersenen. De geest of psyche is binnen onze theorie een onherleidbare entiteit die weliswaar in wisselwerking staat met het brein, maar dan zonder van dat brein afhankelijk te zijn. Dit betekent bijvoorbeeld dat iemand ook bij bewustzijn kan zijn zonder dat zijn of haar brein actief is. Het betekent zelfs dat iemand de lichamelijke dood kan overleven en na de dood na verloop van tijd ook weer kan reïncarneren in een ander lijf. Vanzelfsprekend leidt dit tot een totaal ander mensbeeld.

Het materialistisch wereldbeeld stelt in het algemeen dat de geest, als hij echt bestaat, in feite een product of functie van de hersenen is. In het dualistische wereldbeeld erkennen we dat er een wisselwerking tussen psyche en brein bestaat. In het geval van de waarneming en de motoriek komen de twee denkkaders nog grotendeels overeen. Ook het dualisme erkent dat hersenprocessen belangrijk zijn voor de verwerking van zintuiglijke informatie en voor het sturen van lichamelijke activiteiten. Het verschil zit hem vooral in de rol die de hersenen spelen binnen de activiteit van de geest zelf. Volgens de meeste materialisten wordt de geest volledig bepaald door wat er neurologisch in de grijze massa gebeurt. Alleen holisten erkennen dat het bewustzijn meer is dan een fysiek verschijnsel, maar ook in het holistisch-materialistische wereldbeeld vormt het brein een absolute voorwaarde voor het geestelijke functioneren.

Uiteraard betekent dit niet dat dualisten blind zijn voor de beïnvloeding van geestelijke processen door de hersenen. We erkennen bijvoorbeeld het feit dat mensen echt dronken kunnen worden door alcohol te gebruiken of dat er zoiets gruwelijks als de ziekte van Alzheimer bestaat. Alleen zien we dit soort verschijnselen niet als bewijzen voor het materialistische wereldbeeld. De hersenen hebben kennelijk een impact op ons geestelijk functioneren zolang we geïncarneerd zijn. Soms is die invloed bescheiden en soms ook heel sterk en zeer belemmerend. In veel gevallen heeft de aantasting van een bepaald deel van de hersenen een specifiek effect op een bepaalde vorm van psychisch functioneren. Volgens materialisten bewijst dit dat onze geestelijke functies zoals taal, denken, herinnering en emotie afhankelijk zijn van specifieke gebieden in ons brein. Maar dat zou alleen aannemelijk zijn als er geen helder bewustzijn buiten de hersenen mogelijk was. Zoals gezegd, weten we onder meer op basis van onderzoek naar bijna-doodervaringen al dat dit niet waar is. Ook tijdens een hartstilstand kunnen mensen nog (buitenzintuiglijke) waarnemingen opdoen, nadenken, zich van alles herinneren, gevoelens ervaren, en dergelijke. Hun bewustzijn en mentale activiteit zijn buiten de hersenen zelfs nog helderder en soepeler dan gewoonlijk.

Wanneer een hersenbeschadiging of -ziekte gepaard gaat met een achteruitgang van geestelijke functies moet er dus iets anders aan de hand zijn, waar materialisten geen rekening mee houden.

Filtermodel
Het materialisme heeft een ander beeld van de functie van de hersenen voor de geest dan het dualisme. Binnen het materialistische wereldbeeld is het brein het orgaan dat de geest voortbrengt oftewel produceert. Men spreekt daarom ook wel van een 'productietheorie' van de relatie tussen hersenen en een geest.

Dualisten zien de hersenen niet als de bron van het bewustzijn maar als een fysiek orgaan waar de geest tijdens een incarnatie mee in wisselwerking staat. In het algemeen duidt men deze theorie aan als een interactie-theorie maar vaak spreekt men ook van een 'transmissiemodel' of 'filtermodel'. De metafoor van een filter duidt erop dat de interactie met een brein ervoor zorgt dat je gefocust raakt op de situatie waarin je je lichamelijk bevindt. Dit is belangrijk voor ons lichamelijke overleven, want zonder bijvoorbeeld gewaarwordingen zoals honger, dorst of smaak zullen we weinig geneigd zijn om ons lichaam te voeden en te onderhouden.

Natuurlijk betekent dit niet dat je je op aarde alleen nog maar met je lichaam kunt bezighouden, maar er is hoe dan ook een punt in de fysieke wereld van waaruit je die wereld tegemoet treedt. Dit is meteen ook van belang als je kijkt waarom we hier zijn. Onze geïncarneerde toestand heeft te maken met het opdoen van leerzame ervaringen en daarbij is het wel van belang dat we ons kunnen concentreren op een bepaalde situatie. Als we ons altijd probleemloos kunnen onttrekken aan een situatie kunnen we er niets van leren.

Hoe dan ook zou het brein volgens dit model allerlei informatie uitfilteren waar we buiten het lichaam vrij toegang toe hebben. Bij niemand is dat filteren volledig, zodat we allemaal nog wel eens paranormale ervaringen kunnen hebben met bijvoorbeeld telepathie en helderziendheid. Bij sommigen is de filtering opvallend minder sterk dan bij de meeste mensen, zodat zij zelfs echte paragnosten kunnen zijn. Overigens hoeft de mate van filtering niet zuiver fysiek bepaald te zijn. Er kunnen ook geestelijke technieken bestaan waarmee de transmissie door de hersenen gereguleerd wordt. Zo wijst recent onderzoek rond bijvoorbeeld veranderde bewustzijnstoestanden uit dat bepaalde vormen van psychische activiteit heel intensief kunnen zijn terwijl de hersenactiviteit juist heel sterk is teruggebracht. Dit sluit aan bij het intrigerende fenomeen terminale luciditeit. Patiënten die aan een ernstige hersenziekte zoals dementie lijden blijken op hun sterfbed opeens weer helder te kunnen worden, terwijl hun hersenen onherstelbaar verwoest zijn. Dus ook tijdens het aardse leven zelf is hersenactiviteit niet per se een voorwaarde voor mentale activiteit, zelfs niet in geïncarneerde toestand.

Kanttekeningen
Daarmee is het vraagstuk van geestelijke beperkingen die voortkomen uit hersenziekten overigens nog niet helemaal bevredigend opgelost. Het is vooral heel merkwaardig dat functies zoals geheugen en taalvermogen überhaupt aangetast kunnen worden door een verstoring van hersenprocessen. We begrijpen er vooralsnog heel weinig van hoe de wisselwerking op dit punt precies zou kunnen werken en waarom er kennelijk geen gemakkelijke manier is om het belemmerende effect direct op te kunnen heffen. Dit betekent echter zeker niet dat we de materialistische productietheorie dan toch nog maar

een kans moeten geven. Het gaat hoe dan ook om nog grotendeels onbekende interactiewetmatigheden, niet om wetmatigheden in de vermeende productie van de geest door de hersenen.

Een andere kanttekening die we hier willen maken betreft het volgende. Het filtermodel wordt soms zo geïnterpreteerd dat de hersenen een stukje van een soort kosmisch bewustzijn isoleren van de rest om dit geschikt te maken voor de individuele mens. Volgens deze theorie is het persoonlijke bewustzijn dus een gevolg van de filtering van het kosmische bewustzijn door het brein. Voor de huidige incarnatie bestond de persoon nog niet en na de dood zal het weer opgaan in het kosmische bewustzijn. Aanhangers van deze uitwerking maken de laatste jaren vaak gebruik van een internet-metafoor. De hersenen zijn hierin vergelijkbaar met een pc die contact maakt met het internet. Wat er op het scherm verschijnt is een selectie van informatie van het wereldwijde web. De informatie is niet voortgebracht door de pc maar juist uitgefilterd uit een oneindige informatiebron. Ons bezwaar tegen deze voorstelling van zaken is dat het bewustzijn altijd door iemand ondergaan wordt. Het is niet zomaar een hoeveelheid onpersoonlijke informatie. Dit zou ook moeten gelden voor een verondersteld kosmisch bewustzijn. Daarmee kun je het bestaan van een persoonlijke geest dus niet verklaren vanuit het isoleren van een hoeveelheid onpersoonlijk bewustzijn.

Met andere woorden: we zijn op de eerste plaats geestelijke wezens met een lichaam, in plaats van hersenen die een stukje onpersoonlijk bewustzijn persoonlijk zouden hebben gemaakt.

Literatuur

– Kelly, E.W., Williams Kelly, E., Crabtree, A., Gauld, A. & Grosso, M. (2007). *Irreducible Mind: Toward a Psychology for the 21st Century.* Lanham, etc.: Rowman & Littlefield.

– Lewin, R. (1980). Is your brain really necessary? *Science, 210,* 1232-1234.

– Nahm, M., & Greyson, B. (2009). Terminal Lucidity in Patients with Chronic Schizophrenia and Dementia: A Survey of the Literature. *The Journal of Nervous and Mental Disease, 197,* 12, 942-944.

– Rivas, T. (1993). De mysterieuze relatie tussen geest en hersenen. *Prana 78,* 69-74.

– Rivas, T. (2004). Filosofische kritiek op het computermodel voor de geest. *Terugkeer, 15,* 4, 22-25.

– Rivas, T. (2012). Daar heeft hij de hersens toch niet voor! *Terugkeer 23*(1), 20-23.

– Rivas, T., & Dirven, A. (2004). Hersenen en geest. *Paraview, 8,* 2, 18-19.

– Rivas, T., Dirven, A., & Smit, R. (2013). *Wat een stervend brein niet kan.* Leeuwarden: Elikser.

Dit artikel werd gepubliceerd in *Paraview*, *Jaargang 17*, nummer 1, februari 2014, 12-15.

Subjectieve ervaringen als probleem voor het materialistische wereldbeeld

(Geschreven namens Stichting Athanasia, samen met Anny Dirven)

Terwijl we dit schrijven, is het nog maar een paar dagen geleden dat het tijdschrift *Resuscitation* een artikel publiceerde, getiteld "AWARE—AWAreness during REsuscitation—A prospective study". Het stuk behandelt de resultaten van een grootschalig onderzoek aan 15 ziekenhuizen naar bewustzijn rond en tijdens een hartstilstand, de zogeheten AWARE Study. De hoofdauteur van dit verslag is Sam Parnia, maar er hebben ook andere kopstukken op het gebied van bijna-doodervaringen aan bijgedragen, zoals Peter Fenwick en Bruce Greyson. Ze concluderen onder meer dat er aanwijzingen gevonden zijn voor bewustzijn tijdens de klinische dood. Dat wil zeggen dat mensen ook bewuste ervaringen kunnen hebben wanneer dat volgens het reguliere, materialistische wereldbeeld volslagen onmogelijk is. Dit blijkt met name uit het geval van een 57-jarige patiënt die het specifieke geluid kon waarnemen dat een zogeheten defibrillator maakte voordat men hem trachtte te reanimeren.

Tijdens een hartstilstand komt de neurologische activiteit al binnen een halve minuut stil te liggen. Volgens het materialisme is bewustzijn afhankelijk van activiteit in de hersenschors. Dit betekent dat er al na een halve minuut geen bewuste ervaringen meer kunnen zijn.

Weggehoond bewijsmateriaal
De sceptische reacties zijn nog maar nauwelijks op gang gekomen, maar we voorspellen dat de onderzoeksresultaten van de AWARE Study de komende maanden massaal weggehoond zullen worden. Voor een deel zal dat te maken hebben met de relatief magere positieve resultaten van het onderzoek. De zojuist genoemde casus van de 57-jarige patiënt is bijvoorbeeld de enige casus met eenduidig paranormale waarnemingen tijdens een hartstilstand en die was nota bene al eerder besproken in een boek van Sam Parnia.
Maar het is nog veel belangrijker dat de theorie van bewustzijn tijdens een hartstilstand niet verenigbaar is met het materialisme. Tegenstanders van Parnia c.s. vinden het zo vanzelfsprekend dat het materialistische mensbeeld juist is, dat ze een onderzoek als de AWARE Study bij voorbaat onzinnig vinden. Waarschijnlijk had het wat dit betreft weinig uitgemaakt als er veel meer paranormale casussen gevonden waren. Dat zie je ook aan de receptie onder

materialisten van ons eigen boek (geschreven met Rudolf Smit) *Wat een stervend brein niet kan*. Hierin hebben we onder meer zo'n 25 casussen van een bijna-doodervaring tijdens een hartstilstand behandeld. Voor zover dit boek al besproken wordt door onze tegenstanders, gebeurt dit op een uitermate negatieve manier. Ze zien ons als onwetenschappelijk en uiterst goedgelovig.

In het algemeen vinden materialisten dat bewijsmateriaal voor een onafhankelijke geest of bewustzijn wel heel erg sterk moet zijn voordat ze het zelfs maar serieus kunnen nemen. Niet dat ze hun criteria voor goed bewijsmateriaal nu zo eenduidig formuleren. Zodra casussen eraan voldoen, worden die criteria steeds weer aangescherpt.

Achtergronden van de weerstand

De voornaamste aanname van materialisten is in dit verband dat het bewustzijn een 'functie' van de hersenen is. Dit zou zelfs bijna vanzelfsprekend genoemd mogen heten, volgens hen. Mensen zijn namelijk het product van de biologische evolutie en dat geldt ook wat hun zenuwstelsel betreft. Het is dan raar, in deze optiek, om te veronderstellen dat we een onstoffelijk bewustzijn of ziel hebben die niet zou voortkomen uit de fysieke evolutie.

Bovendien is er een duidelijk verband tussen hersenen en geest. Bij de waarneming, maar bijvoorbeeld ook denkprocessen worden specifieke delen van de hersenen geactiveerd. En hersenziekten kunnen leiden tot verstoring van het mentale functioneren. Volgens materialisten wijst dit soort gegevens er allemaal op dat de geest onlosmakelijk verbonden is aan de hersenen. Dit is overigens alleen aannemelijk indien ze gelijk hebben met hun stelling dat er uitsluitend fysieke factoren bij de evolutie betrokken zijn. De meeste tegenstanders van het materialisme erkennen weliswaar de invloed van de hersenen op de psyche, maar zonder dat ze daaruit concluderen dat er geen bewustzijn mogelijk is zonder een werkend brein.

Het 'moeilijke' vraagstuk
Aanhangers van de theorie dat bewustzijn afhankelijk is van hersenprocessen (met name in de hersenschors oftewel cortex), lijken over het algemeen nauwelijks te beseffen dat het bestaan van bewustzijn zelf al een fors probleem vormt voor een materialistisch wereldbeeld. Subjectieve ervaringen hebben namelijk eigenschappen die verder niet voorkomen in de fysieke werkelijkheid. Fysieke verschijnselen zijn bijvoorbeeld van buitenaf, 'intersubjectief' waar te nemen, terwijl subjectieve ervaringen altijd een privé-karakter hebben. Subjectieve ervaringen kennen allerlei kwalitatieve dimensies, de zogeheten 'qualia', zoals smaken, geuren, kleuren en geluiden die niet voorkomen in de fysieke werkelijkheid. Hetzelfde

geldt voor de kwalitatieve kenmerken van allerlei psychische processen zoals gedachten, gevoelens en verlangens. En zo is er nog een aantal eigenschappen van het bewustzijn waar we hier door ruimtegebrek niet op in zullen gaan. De Australische filosoof David Chalmers stelt dat je van allerlei geestelijke processen misschien nog wel kunt aannemen dat ze in de hersenen plaatsvinden. Hij heeft het daarbij over 'cognitieve' processen waarbij informatie wordt verwerkt. Men kent hier reeds een volledig fysieke, technische tegenhanger van, namelijk de informatieverwerking in een computer. Het is dus denkbaar, aldus Chalmers, dat we processen zoals denken of herinnering, in dit opzicht, ooit neurologisch zullen kunnen verklaren. Hij erkent wel dat we er ook op dit gebied nog lang niet zijn, als dit inderdaad mogelijk zal blijken te zijn. Maar hij noemt het type vraagstukken op dit gebied relatief 'easy problems'.

Dit geldt volgens Chalmers echter niet voor bewustzijn in de zin van subjectieve ervaringen. Het is volstrekt onduidelijk waarom en hoe bepaalde hersenprocessen gekoppeld zouden moeten zijn aan subjectieve ervaringen. Bewustzijn en neurologische activiteit lijken namelijk totaal niet op elkaar en zijn duidelijk van een andere orde. Er is dus geen logisch, conceptueel verband tussen hersenen en bewustzijn. Daarom spreekt hij van een 'moeilijk vraagstuk' (*hard problem*) wanneer het gaat om de relatie tussen hersenen en bewustzijn.

Hoezo qualia?
David Chalmers is niet bij alle geleerden even geliefd. Tot voort kort was een meerderheid van de filosofen en wetenschappers het zelfs oneens met hem. Ze probeerden zijn 'moeilijke vraagstuk' op twee manieren klein te krijgen.
Sommige van hen trachtten aan te tonen dat het om een schijnprobleem ging. Wanneer subjectieve ervaringen van nature totaal verschillen van neurologische processen in het brein, heeft het materialisme inderdaad een groot probleem. Een van de materialistische tactieken komt daarom neer op het ontkennen van essentiële verschillen tussen materie en bewustzijn. Men stelt dan dat de speciale kenmerken van subjectieve ervaringen helemaal niet bestaan of anders dat ze alsnog opgevat kunnen worden als materiële hersenprocessen. Deze benadering is nog altijd populair onder overtuigde materialisten evenals bij leken die er geen benul van hebben dat het bewustzijn echt een probleem vormt voor het materialisme. Anderen ervaren haar vooral als een zwaktebod. Je hoeft geen filosoof te zijn om te beseffen dat het schrappen van subjectieve ervaringen uit het wereldbeeld op zijn minst erg 'merkwaardig' is. Een andere materialistische tactiek houdt in dat men

het unieke karakter van bewustzijn erkent, maar toch opvat als bijzondere eigenschappen van bepaalde hersenprocessen. Natuurlijk kunnen dit dan geen fysieke eigenschappen zijn in de natuurkundige, chemische of biologische zin.

De subjectieve ervaringen zouden als het ware binnen de fysieke werkelijkheid van het brein worden opgeroepen. Ze 'emergeren' erin, ze duiken erin op. Dit zou alleen gebeuren bij bepaalde, erg specifieke hersenprocessen. David Chalmers wijst er echter op dat de kenmerken die uit de hersenprocessen zouden emergeren hoe dan ook geen fysieke kenmerken kunnen zijn. Het loutere feit dat er een wetmatig verband bestaat tussen neurologie en bewustzijn maakt dat bewustzijn nog niet fysiek. Zelfs niet als dat bewustzijn volledig beperkt en bepaald zou worden door de hersenen. Daarmee is volgens Chalmers aangetoond, en wij zijn het hierin met hem eens, dat een materialistische versie van de relatie tussen de hersenen en de bewuste geest onhoudbaar is.

Overigens betekent dit niet dat Chalmers ook gelooft in een ziel of geest die de dood van de hersenen zou kunnen overleven.

Hij zoekt het antwoord eerder in het zogeheten (naturalistische) *panpsychisme*. Deze theorie stelt dat elk materieel systeem een soort 'geest' bezit, maar dat er alleen bij bepaalde soorten systemen, zoals de hersenen sprake is van bewuste ervaringen. Los van fysieke structuren komt er geen geest voor, ook al zijn de geestelijke aspecten niet alsnog op te vatten als materiële aspecten. Zelfs niet als je de definitie van materie verruimt.

Er is ondanks het enthousiasme voor het panpsychisme van Chalmers en andere hedendaagse geleerden toch wel het een en ander op deze stroming af te dingen. In deze context gaat het vooral om één punt. Het panpsychisme stelt dat elke vorm van materie gekoppeld is aan een vorm van geest en vice versa. Zoiets impliceert onder andere dat hersenprocessen en de daaraan gekoppelde geestelijke processen altijd parallel aan elkaar moeten lopen. Dit is bij nadere beschouwing niet mogelijk.

We kunnen namelijk ook nadenken over onze subjectieve ervaringen als subjectieve ervaringen. We kunnen ons bewustzijn bijvoorbeeld onderscheiden van neurologische processen. Als de activiteit in de hersenen en de geestelijke activiteit nu voortdurend parallel zouden lopen (zonder elkaar ooit te raken of te beïnvloeden), dan zou het brein als fysiek 'apparaat' nooit zinvol over het bewustzijn kunnen nadenken. Er zou namelijk nooit informatie over het bewustzijn door kunnen dringen tot het veronderstelde, parallel verlopende hersenproces. Dus kan er geen volledige parallellie zijn. Het panpsychisme kan in deze gangbare vorm dus geen oplossing bieden voor het 'hard problem' van David Chalmers.

Interactionisme

Geest en hersenen kunnen niet volledig parallel lopen aan elkaar, en dus is het moeilijke vraagstuk van Chalmers niet oplosbaar door het panpsychisme. Dat brengt ons op een ander model: het interactionisme. Subjectieve ervaringen vallen niet samen met hersenprocessen en brein en geest werken niet volledig parallel aan elkaar. In plaats daarvan is er een wederzijdse inwerking oftewel interactie tussen brein en bewustzijn.

Dit model maakt het denkbaar dat iemand ook nog subjectieve ervaringen kan ondergaan nadat zijn brein ermee opgehouden is. Het biedt perspectief voor onderzoek als dat van de AWARE Study. We hoeven er niet meer voetstoots van uit te gaan dat de resultaten onbetrouwbaar zijn of hoe dan ook materialistisch verklaard moeten worden. Als het bewijsmateriaal wijst op bewustzijn na de dood, moeten we dat voortaan echt serieus gaan nemen.

Literatuur

– Chalmers, D. (1996). *The Conscious Mind*. New York: Oxford University Press.
– Parnia, S., & Young, J. (2013). *Erasing Death: The Science that is Rewriting the Boundaries Between Life and Death*. HarperOne.

– Parnia, S., e.a. (2014). AWARE—AWAreness during REsuscitation—A prospective study. *Resuscitation*, 85(12): 1799-805.
– Rivas, T. (1993). De mysterieuze relatie tussen hersenen en geest *Prana, 78*, blz. 69-74.
– Rivas, T., Dirven, A., & Smit, T. (2013). *Wat een stervend brein niet kan*. Leeuwarden: Elikser.

Dit artikel werd in 2014 gepubliceerd in *Paraview*, *jaargang 17*, nummer 4, blz. 12-15 en *Terugkeer*, *25e jaargang*, nr. 4, winter, blz. 22-24, en *Levenslicht 41*, winter 2014/2015, blz. 18-20.

Waarom het materialisme geen rationele theorie is
(Eindnoot 1)

Het woord *materialisme* heeft twee hoofdbetekenissen:

(1) Een theorie die stelt dat alles in de werkelijkheid materieel oftewel fysiek is en dat er niets bestaat wat niet materieel is (Eindnoot 2). De hele realiteit zou dus een manifestatie zijn van de onbezielde 'stof' oftewel materie. Dit heet ook wel ontologisch materialisme; een ontologie (Grieks: 'leer van het zijn') is een filosofische theorie over de bestanddelen van de werkelijkheid. Een ontologie biedt onder andere een ondergrond waarop je wetenschappelijk onderzoek kunt doen.
(2) Een (eenzijdige) gerichtheid op bezit, uiterlijk en andere tastbare, materiële zaken. Dit heet ook wel axiologisch (of ethisch) materialisme; axiologie betekent filosofische waardeleer oftewel leer van alles wat waardevol is in het leven.

In dit beknopte filosofische essay wil ik een wijdverbreide misvatting over materialisme in genoemde eerste betekenis ontzenuwen: de misvatting dat alleen het zogeheten ontologisch materialisme *rationeel* zou zijn.

In het ontologisch materialisme stelt men zoals gezegd dat de hele werkelijkheid fysiek is. Rationeel denken (Eindnoot 3) is in het algemeen de vorm van denken die gebruik maakt van coherente redeneringen (samenhangende redeneringen waarbij de gebruikte stellingen elkaar niet tegenspreken) en tegelijkertijd willekeurige dogma's (leerstellingen die je zonder goede gronden op gezag moet aannemen) verwerpt. Voorbeelden van irrationele stromingen zijn het ontologisch nihilisme (Eindnoot 4) (vanwege de incoherentie oftewel de innerlijke tegenspraak ervan) en fundamentalistische religies (door het aanhangen van willekeurige dogma's).

Het materialisme als enige rationele stroming
Strijdlustige aanhangers van het materialisme stellen niet slechts dat het materialisme een volkomen rationele filosofische theorie is maar zelfs dat het de *enige* rationele stroming is. Laten we eens kijken wat dit zou kunnen betekenen, gegeven bovenstaande definitie van rationeel denken:

(1) *Alle niet-materialistische stromingen zijn incoherent.*
Sommige materialisten hebben dit inderdaad beweerd. Ze stelden bijvoorbeeld dat de notie van een niet-

fysieke geest "onbegrijpelijk" is of dat het ondenkbaar is dat een niet-fysieke geest in wisselwerking kan staan met een stoffelijk brein, een orgaan dat net zo fysiek is als de nieren, de lever, het hart, enz. (Een spottende Engelse uitdrukking die in dit verband bekend werd is "ghost in the machine".)

Deze stellingname is erg vreemd indien materialisten tegelijkertijd zelf wel uitgaan van een onherleidbaar bewustzijn dat gecreëerd zou zijn door een fysiek brein, dat wil zeggen: een bewustzijn dat je zelf niet kunt opvatten als iets wat behoort tot de materiële werkelijkheid buiten dat bewustzijn. Zolang ze toegeven dat bewustzijn unieke kenmerken bezit die niet in onbezielde, levenloze materiële objecten voorkomen, kunnen ze zich kennelijk wel iets voorstellen dat op zijn minst heel dicht bij zo'n niet-fysieke geest komt. Dus zo bizar en incoherent is dat concept kennelijk toch ook weer niet. Zolang ze zelf uitgaan van fysieke oorzaken van bewuste ervaringen is het voorts ook merkwaardig dat ze de logische mogelijkheid van de beïnvloeding van de materie door bewustzijn bij voorbaat uitsluiten. Het is, strikt rationeel beschouwd, volstrekte willekeur om de veronderstelde creatie van een heel nieuw ontologisch domein door de hersenen zomaar te accepteren en vervolgens elke causale beïnvloeding vanuit dat nieuwe domein bij voorbaat uit te sluiten. De notie van de creatie van een heel nieuw domein gaat namelijk nog veel verder dan de veronderstelling dat iets invloed kan uitoefenen op een domein dat daarvoor al bestond.

Alleen wanneer men het bewustzijn met zijn unieke kenmerken (Eindnoot 5) uit het materialistische wereldbeeld schrapt, spreekt men zichzelf niet al meteen tegen wanneer men stelt dat alle niet-materialistische theorieën incoherent zijn. Wanneer men de unieke kenmerken van bewustzijn onderkent (en zich in die zin feitelijk niet strikt materialistisch opstelt), zou die incoherentie namelijk ook voor de eigen theorie moeten gelden. Ik bedoel dat denkers die de unieke kenmerken van bewustzijn onderkennen zelf niet-materialistische elementen (Eindnoot 6) in hun eigen wereldbeeld hebben opgenomen en daarom niet meer mogen beweren dat het raar of irrationeel is om dat te doen, omdat dit dan ook voor hun eigen wereldbeeld zou moeten gelden.

Het schrappen van die niet-materialistische elementen zien we inderdaad bij zogeheten radicale reductieve en eliminatieve materialisten zoals Daniel Dennett en Susan Blackmore die expliciet ontkennen dat er een onherleidbaar bewustzijn bestaat.

Reductionisten stellen dat wat we kortweg *bewustzijn* (Eindnoot 7) noemen te herleiden valt tot niet-bewuste "rekenprocessen" in het brein (reduceren = herleiden).

Eliminativisten stellen zelfs dat het begrip bewustzijn achterhaald is en niet eens overeenkomt met iets wat echt bestaat; daarom moet men dit begrip bewustzijn 'elimineren', schrappen uit de wetenschappelijke theorieën.

Andere, zogeheten **niet-reductieve** of **holistische** (Eindnoot 8) materialisten hebben wat dit betreft echter geen poot om op te staan. Niet-reductieve materialisten stellen dat het bewustzijn niet gereduceerd kan worden tot het fysieke brein. Holistische materialisten stellen dat het bewustzijn een holistisch verschijnsel is van het brein of lichaam als geheel dat meer is dan de som van de fysieke onderdelen Ze houden vast aan het bestaan van een niet-subjectieve fysieke wereld en zien het bewustzijn als een onreduceerbare, speciale manifestatie daarvan (Eindnoot 9).

(2) *Alle niet-materialistische stromingen zijn dogmatisch.*
Deze stelling wordt tegenwoordig waarschijnlijk vaker verdedigd dan de stelling dat alle niet-materialisten incoherente onzin aanhangen. Met de beschuldiging dat niet-materialisten dogmatisch zijn wordt in dit verband dan gerefereerd aan het veronderstelde feit dat al het verzamelde empirische bewijsmateriaal wijst op een zuiver materiële realiteit. Meer veronderstellen dan zo'n zuiver fysieke realiteit

zou strijdig zijn met het bewijsmateriaal en dus dogmatisch, d.w.z. gebaseerd op willekeurige leerstellingen over de werkelijkheid. De enige reden dat niet-materialisten tegen het materialisme ingaan is volgens deze voorstelling van zaken dus dat ze dogmatisch 'geloven' dat er nog meer is dan alleen materie.

Ook hier geldt weer dat alleen materialisten die het bestaan van een onherleidbaar bewustzijn ontkennen kunnen volhouden dat er geen aanwijzingen bestaan voor niet-fysieke verschijnselen in de gangbare betekenis. Bewustzijn is namelijk het meest alledaagse voorbeeld van een fenomeen dat (gegeven de gangbare definitie van materie als iets niet-subjectiefs (Eindnoot 10)) met geen mogelijkheid als fysiek (in de gangbare betekenis) kan worden beschouwd. Het wordt beleefd door alle wezens met subjectieve ervaringen. Tenzij eliminativisten en reductionisten helemaal geen (onreduceerbare) subjectieve, bewuste ervaringen ondergaan, gaat hun positie dus in tegen alles wat ze zelf bewust ervaren! Een dogmatischere ontkenning is niet denkbaar, omdat het gaat om een ontkenning van een vast, onontkoombaar aspect van *alle* waarnemingen en daarmee ook alle introspectieve observaties van mensen. Alleen maar omdat het niet past in het eigen materialistische wereldbeeld. Zelfs iemand die een psychose ondergaat, houdt in zijn of haar beeld van de werkelijkheid nog meer rekening met wat hij of zij ervaart. In die zin is een reductieve of eliminatieve materialist filosofisch beschouwd dus duidelijk nog meer de weg kwijt dan iemand die psychotisch is.

Het materialisme is irrationeel

Veel materialisten ontkennen het bestaan van bewustzijn met zijn overduidelijk niet-fysieke, subjectieve en kwalitatieve kenmerken helemaal (eliminatief materialisme), of ze proberen bewustzijn te herleiden tot iets fysieks (reductief materialisme), d.w.z. tot iets wat als zodanig geen subjectieve of kwalitatieve kenmerken zou kunnen hebben, bijvoorbeeld door het bewustzijn te "ontmaskeren" als een illusie.

Bewustzijn wordt volgens holistische, niet-reductieve materialisten wel eens als een bijzonder holistisch "niveau" van het fysieke lichaam gezien. Maar hoe kan een verschijnsel een niveau van iets fysieks zijn zonder dat het zelf geheel en al fysiek is? Waar komen die niet-fysieke kenmerken dan opeens vandaan en hoe kunnen ze bestaan in de volledig fysieke hersenen – als "aspect" daarvan? Strikt logisch beschouwd is dit gewoon onmogelijk.

Wat dit betreft zijn het eliminativisme en reductionisme op conceptueel niveau nog minder irrationeel dan het holisme, hoewel ze dan wel al onze

116

subjectieve ervaringen ontkennen. Hoe dan ook is het materialisme op geen enkele rationele manier overeind te houden. Het aanhangen van niet-reductieve vormen van materialisme is irrationeel omdat die posities per definitie incoherent zijn en het aanhangen van reductief en eliminatief materialisme is irrationeel omdat de posities in strijd zijn met letterlijk alles wat we ervaren.

In zekere zin is zowel het eliminatieve als het reductieve materialisme trouwens ook analytisch (qua coherentie) beschouwd onhoudbaar. Het gaat namelijk weliswaar niet expliciet uit van een bewuste geest, maar vooronderstelt zo'n geest impliciet wel bij de eigen theorievorming. Wat is een theorie als (de diverse vormen van) het materialisme namelijk nog als er geen onherleidbare geest bestaat waar die theorie een onderdeel van vormt?

Rationaliteit en anti-materialisme
De identificatie van materialisme en rationalisme is gebaseerd op een zeer grote misvatting. Er is werkelijk helemaal niets rationeel aan ontologisch materialisme. De misvatting heeft helaas ook doorgewerkt in reacties op materialisme:

Anti-materialisten kunnen (ten onrechte) denken dat rationaliteit en de verwerping van materialisme principieel onverenigbaar zijn. Om die reden kunnen ze pleiten voor een devaluatie van rationaliteit, wat bijvoorbeeld kan leiden tot de geringschatting van rationele argumentatie of wetenschap.

Ze kunnen zich zelfs uitspreken voor het terugdringen van rationele analyse ten gunste van andere kenvormen. De rede wordt dan bijvoorbeeld niet als aanvulling op de intuïtie gezien, maar als minder waard dan die intuïtie. Deze houding komt overigens al vroeg in de geschiedenis voor. Door de kaping van rationaliteit door het irrationele materialisme, raakte rationaliteit als het ware "besmet" en voelden velen een drang er zoveel mogelijk afstand van te doen of de rede te ontstijgen.

In het uiterste geval leidt de ontwaarding van het verstand (dat als het ware "automatisch" tot materialisme zou leiden en volledig hersengebonden zou zijn volgens bepaalde stromingen) tot het omhelzen van regelrecht krankzinnige, anti-rationalistische levensbeschouwingen die bijvoobeeld gepaard kunnen gaan met rassenwanen (bijvoorbeeld bij Ludwig Klages) of uit de lucht gegrepen samenzweringstheorieën.

De rede werd in de middeleeuwen zo veel mogelijk onderworpen aan een dogmatisch christelijk geloof. Sinds de opkomst van de westerse natuurwetenschappen is rationaliteit helaas op een absurde manier geassocieerd geraakt met materialisme. Dit is ironisch omdat de bekendste rationalisten uit de moderne filosofie (Descartes, Spinoza en Leibniz) geen van alle materialist waren en het rationalisme in de Griekse oudheid onder andere verbonden was aan de filosofie van Socrates en Plato (de bekendste westerse grondlegger van het lichaam-geest dualisme)! Het wordt hoog tijd dat niet-materialisten de ratio opnieuw onderkennen als een zeer waardevolle bondgenoot.

Literatuur

- Chalmers, D. (1996). *The Conscious Mind*. New York: Oxford University Press.
- Dennett, D.C. (1995). *Het bewustzijn verklaard*. Uitgeverij Contact.
- Heijden, J. van der (2011). Het gelijk van Descartes: de herontdekking van de ziel. *Terugkeer 22(2)*, 22-26.
- Heijden, J. van der (2011). Zeker weten! Het bestaan gaat door. *Terugkeer 22(3)*, 23-25.
- Kelly, E.F., Williams Kelly, E., Crabtree, A., Gauld, A. & Grosso, M. (2007). *Irreducible Mind: Toward a Psychology for the 21st Century*. Lanham: Rowman & Littlefield.
- Popper, K.R., & Eccles, J.C. (1977). *The Self and its Brain*. Berlin: Springer.
- Rivas, T. (1993). De mysterieuze relatie tussen hersenen en geest, *Prana, 78*, 69-74.

- Rivas, T. (2012). *Geesten met of zonder lichaam.* Lulu.com.

Eindnoten
1. Met dank aan Rudolf H. Smit.
2. Onder fysiek of materieel verstaat men iets dat volledig bestaat uit materie. Van materie wordt door ontologische materialisten onder meer gesteld dat het los van bewustzijn of geest (en dus ook als meer dan een abstractie), op zichzelf, kan bestaan en dat het geen inherente subjectieve eigenschappen heeft. Materie omvat alle verschijnselen die hieraan voldoen. Het woord fysiek is overigens afgeleid van het Griekse woord physis dat natuur betekent en niet per se materialistisch opgevat hoeft te worden, maar in het huidige taalgebruik is fysiek een synoniem van materieel geworden.
3. Redelijk denken volgens de 'ratio' oftewel 'rede'.
4. Het ontologisch nihilisme stelt dat er niets bestaat. Aangezien het ontologisch nihilisme alleen iets kan stellen als het zelf ten minste bestaat, is ontologisch nihilisme incoherent en daarmee irrationeel.
5. Bijvoorbeeld dat bewuste ervaringen subjectief zijn en dat ze kwaliteiten bezitten die niet herleidbaar zijn tot fysieke patronen (de zogeheten qualia), zoals geuren, smaken, kleuren, tonen, gewaarwordingen, gevoelens als verdriet of geluk, etc.
6. Of ten minste niet tot de gangbare opvattingen over

materie herleidbare elementen.

7. Bewustzijn is hier: "alle subjectieve ervaringen die iemand ondergaat".

8. Holisme: stroming volgens welke er 'gehelen' in de werkelijkheid bestaan die niet te herleiden zijn tot hun onderdelen. Een bekende spreuk van holisten luidt: "Het geheel is meer dan de som van de delen."

9. Let wel: holistisch materialisme mag niet verward worden met panpsychisme, dat geen materialistische stroming is (bij panpsychisme is elk materieel deeltje verbonden met een deeltje [al dan niet sluimerende] geest, zodat de hele materie in feite 'bezield' is).

10. Iets niet-subjectiefs: iets wat niet slechts in iemands subjectieve bewustzijn bestaat, maar ook los daarvan.

Online artikel, gepubliceerd op 12 juni 2012 op txtxs.nl

Het mysterie van de zintuiglijke waarneming

Artificiële intelligentie kent allerlei varianten, waaronder natuurlijk het simuleren van diverse soorten complexe denkprocessen. Ook de waarneming wordt zoveel mogelijk nagebootst door middel van de informatieverwerking op basis van patronen die in een systeem binnenkomen via kunstmatige sensoren. Hierbij moeten in ieder geval drie onderdelen van sensorische perceptie worden onderscheiden: de zuiver fysiologische registratie, de cognitieve verwerking (hetzij zuiver neurologisch hetzij [ook] psychologisch) en de subjectieve beleving.

Kunstmatige intelligentie heeft in principe waarschijnlijk geen moeite met nabootsing van de fysiologische stap en ook in de simulatie van de cognitieve processen op basis van de neurologische informatie zit nog geen onoverkomelijke moeilijkheid. Alleen op het punt van de subjectieve beleving heeft men geen idee hoe die zou moeten voortkomen uit de veronderstelde cognitieve processen in het brein. We verlaten daarbij immers de wereld van het fysiek registreerbare en van de neurologie en belanden in het onreduceerbare domein van het bewustzijn. Voor de natuurwetenschap (van de fysieke wereld) is zintuiglijke waarneming in subjectieve zin normaal gesproken een anomalie, die niet in het plaatje past en maar het beste zoveel mogelijk genegeerd kan worden.

Er zijn grofweg drie manieren waarop je de zintuiglijke beleving kunt trachten te verdisconteren:
- Je ontkent dat er überhaupt zoiets bestaat als subjectieve zintuiglijke waarneming in de alledaagse zin of stelt dat dit begrip het best opgevat kan worden als een abstracte omschrijving van (delen van) de fysieke perceptuele verwerking in het brein. Dit zijn respectievelijk de eliminatieve en reductionistische vormen van het *materialisme*.
- Je erkent het perceptuele bewustzijn en ziet het als een product van het brein, maar zonder dat het gereduceerd kan worden tot de fysieke hersenprocessen zelf. Deze positie staat bekend als *emergentisme*, en er bestaan opnieuw diverse varianten van.
- Je erkent de subjectieve waarneming en stelt dat dit berust op indrukken die een geestelijk wezen krijgt door zijn interactie met de gebieden van het brein die gespecialiseerd zijn in perceptie. Deze positie staat (opnieuw in diverse varianten) bekend als *dualisme*. De eerste benadering heeft niets te bieden omdat het subjectieve waarneming als zodanig niet eens erkent. De tweede miskent het probleem dat het op zijn minst

moeilijk voorstelbaar is als er uit fysieke processen opeens *zomaar uit het niets*, als bij toverslag subjectieve processen voortkomen.

De derde benadering erkent dat punt wel, en verwerpt dan ook de gangbare westerse veronderstelling dat onze beleving volledig wordt gegenereerd door onze hersenen zonder dat er niet-fysieke factoren in het spel zijn. Daarmee verwerpt het ook de mogelijkheid dat onze subjectieve waarneming ooit zal kunnen worden gekopieerd in een machine.

Hoe dan ook, zintuiglijke waarneming ziet er een stuk "mysterieuzer" uit als je oog krijgt voor de subjectieve aspecten ervan. Parapsychologen zoals de Nederlander Paul Dietz, maar ook denkers als Frank B. Dilley en M.M. Moncrieff, wijzen in dit opzicht op een belangrijke overeenkomst tussen normale zintuiglijke waarneming en helderziendheid. In beide gevallen is de uiteindelijke subjectieve waarneming niet zomaar op te vatten als een fysiek product van hersenprocessen. Er vindt in beide gevallen een vertaalslag plaats van fysieke informatie in subjectieve beelden, geluiden, etc., ook al speelt bij normale zintuiglijke waarneming de neurologische verwerking in het perifere en centrale zenuwstelsel natuurlijk wel een grote rol.

Dit heeft ook gevolgen voor de mogelijkheden tot

waarneming na de dood. Onze subjectieve waarneming is kennelijk geen fenomeen dat zich als zodanig letterlijk *in* het brein afspeelt. Dat betekent dat de modi en kwaliteiten ervan op zich ook bij de geest horen en niet bij de hersenen als fysiek apparaat. Daarom is er geen enkel bezwaar tegen de notie dat je ook na de dood, zonder zintuigen of brein, nog van alles zult waarnemen, of zelfs dat die waarneming meer kan omvatten dan tijdens het fysieke leven.

Blog op http://psychologie-nu.blogspot.com/2006/07/het-mysterie-van-de-zintuiglijke_23.html

De vermeende absurditeit van het lichaam-geest dualisme

Het lichaam-geest dualisme wordt door veel hedendaagse filosofen nog steeds zo absurd gevonden dat ze in die vermeende absurditeit alleen al een reden zien om het materialisme (in de niet-holistische zin) aan te hangen.

De zogenaamde absurditeit betreft allereerst natuurlijk de bewering van het dualisme dat er een onreduceerbare geest of bewustzijn bestaat die als zodanig niet verklaard kan worden vanuit de neurofysiologie. Vervolgens beweren de interactionisten onder de dualisten ook nog eens dat die onherleidbare geest invloed heeft op de materie, zonder dat er een materieel mechanisme bestaat dat dit zou kunnen verklaren. Bovendien zou zo'n psychogene impact op het brein zondigen tegen het behoud van de energie en vergelijkbare principes.

Hoe absurd is het interactionistisch dualisme nu eigenlijk echt?

- Dat er een onherleidbaar bewustzijn bestaat kan ieder van ons voortdurend bij zichzelf constateren. Dit is geen absurde claim, maar een basisgegeven, waar we niet om heen kunnen.

- Dat het onherleidbare bewustzijn invloed heeft op het brein is noodzakelijk omdat we het anders nooit over dat bewustzijn kunnen hebben met onze stembanden of met onze schrijvende of gebarende handen. De interactie tussen bewustzijn en brein kan per definitie niet berusten op een materieel mechanisme, omdat het bewustzijn zelf immers niet gereduceerd kan worden tot fysieke verschijnselen.

- Als de impact van het bewustzijn op het brein werkelijk in strijd is met genoemde principes als het behoud van de energie, dan betekent dat domweg dat die principes dienen te worden aangepast. We kunnen namelijk logisch gezien wel aan die principes twijfelen, maar niet aan het bestaan van ons eigen bewustzijn en daarmee ook niet aan de invloed van dat bewustzijn op ons brein als we erover spreken of schrijven.

Het materialisme (in de niet-holistische zin) probeert het bewustzijn te herleiden tot iets anders, namelijk tot niet-bewuste materie. Het schrapt het enige waar we zeker van kunnen zijn. Dat is niet zozeer een begrijpelijke denkfout, volgens mij, maar een ultieme, schokkende uiting van irrationaliteit.

Er is maar één redelijk niet-dualistisch, monistisch alternatief voor dualisme, namelijk in de vorm van het idealisme. Als we al iets ter discussie moeten stellen, dan in elk geval niet het bewustzijn, maar juist de fysieke wereld.

Blog van dinsdag 14 oktober 2008, geplaatst op http://filosofischegeest.blogspot.in/2008/10/vermee nde-absurditeit-van-lichaam-geest.html

Exit Epifenomenalisme: het einde van een vluchtheuvel

(Geschreven samen met dr. Hein van Dongen)
(eindnoot 1)

Samenvatting
Dit artikel onderzoekt de achtergronden, implicaties en waarde van de positie van het epifenomenalisme. De auteurs presenteren ook een eigen analytisch argument tegen het epifenomenalisme; het argument van de rechtvaardiging van de bewering dat er subjectief bewustzijn bestaat. Zij tonen aan dat epifenomenalisten enerzijds beweren te weten dat er bewustzijn bestaat, maar anderzijds impliciet ontkennen dat het mogelijk is om kennis over bewustzijn te hebben, omdat bewustzijn (volgens hun eigen positie) geen invloed kan hebben op ons conceptuele kenapparaat. Bovendien onderzoeken en verwerpen de auteurs de posities van het parallellisme en de identiteitstheorie. Het parallellisme stelt impliciet dat het weet heeft van het bestaan van een onkenbare fysieke wereld. De materialistische identiteitstheorie beweert impliciet (objectieve) kennis te hebben van een in causale zin machteloze subjectieve, niet-objectieve kant van bepaalde hersenprocessen. De auteurs vermelden consequenties

van dit alles voor de filosofie en de empirische wetenschap.

Inleiding

In dit artikel houden wij ons bezig met de vraag of het epifenomenalisme een houdbare positie is. Epifenomenalisme is de stelling dat het mentale, het bewustzijn of de geest in de cartesiaanse zin van subjectieve beleving (die zowel het bewuste waarnemen en denken, als het voelen en willen omvat (eindnoot 2)), een volkomen machteloos bijverschijnsel van de hersenen is. We geven eerst een korte situering van het epifenomenalisme binnen de filosofie van de geest. We geven verder een schets van de historische ontwikkeling van het epifenomenalisme en zijn betekenis voor de hedendaagse wijsbegeerte en empirische wetenschapsbeoefening. Vervolgens staan we stil bij de argumenten die men ten gunste van de positie naar voren heeft gebracht.

In het tweede deel bespreken we argumenten die in de loop der tijd tegen het epifenomenalisme zijn ingebracht. In dit gedeelte brengen we tevens een argument naar voren dat volgens ons als geen ander de interne inconsistentie van de positie aantoont.

In het derde deel tenslotte vragen we ons af welke consequenties de diskwalificatie van epifenomenalisme (als houdbare positie) zou moeten hebben, zowel voor de filosofie van de geest en voor de wijsbegeerte in het algemeen, als voor daarin wortelende empirische wetenschappen.

Al met al proberen we dus in kort bestek een zo volledig mogelijk beeld te bieden van achtergrond, implicaties en gehalte van deze positie ten aanzien van de causale werkzaamheid van de geest.

Epifenomenalisme

Het epifenomenalisme beweert dat alle mentale verschijnselen, processen of toestanden, slechts bijverschijnselen ('epifenomenen') zijn van hersenprocessen. Daarmee wordt niet zozeer bedoeld dat het geestelijke niet los van het fysieke kan bestaan (hoewel dit er wel door wordt geïmpliceerd), als wel dat het geen enkele invloed heeft op de werkelijkheid. Het geestelijke bestaat dus wel, maar het is niet 'efficacious', dat wil zeggen: het kan niets teweeg brengen, noch binnen zijn eigen mentale domein, noch binnen de fysieke wereld (eindnoot 3). Er zijn voor deze veronderstelde 'machteloosheid' van de geest sprekende beelden bedacht, zoals die van de stoomfluit van een locomotief. Het fluiten van de stoomfluit is een reëel verschijnsel, maar heeft geen invloed op de werking van de locomotief, het is er slechts het bijverschijnsel van (eindnoot 4). Op een zelfde manier bestaan er bewuste ervaringen die onontkoombaar door bepaalde hersenprocessen worden veroorzaakt. Net zoals de stoomfluit geen invloed heeft op de werking van de locomotief, heeft bewustzijn geen enkele invloed op de hersenprocessen die het veroorzaken.

Ontologie en causaliteit

Het epifenomenalisme is een antwoord op de vraag naar de causale invloed van het mentale of het bewustzijn op de werkelijkheid. Dat antwoord luidt dat er geen enkele invloed uitgaat van de geest. De geest is altijd alleen maar gevolg en nooit oorzaak. Als zodanig kan het epifenomenalisme worden gerangschikt binnen het zogenaamde fysicalisme. Het fysicalisme stelt namelijk dat alles wat er bestaat het resultaat is van wetten die gelden voor de fysieke wereld. Het is van belang een scherp onderscheid te maken tussen fysicalisme en materialisme. Het materialisme is een ontologische positie over de aard van de werkelijkheid die luidt dat er slechts materie – traditioneel: 'atomen in beweging' – bestaat. Het fysicalisme is geen ontologische positie over de substantie(s) of entiteiten waar de realiteit uit bestaat, maar het spreekt zich slechts uit over de typen causaliteit die er mogelijk zijn (alleen in die zin is het een ontologische positie, namelijk over causaliteit). Ook al bestaan er wellicht een ontelbaar aantal entiteiten die men onmogelijk binnen definities van materie kan proppen, het zijn alleen materiële entiteiten die causale invloed uitoefenen. Dit leidt tot de conclusie dat het epifenomenalisme inderdaad fysicalistisch is. Het is echter geen materialistische positie omdat de reden die men geeft voor de machteloosheid van bewustzijn juist erin bestaat dat bewustzijn niet materieel is. Aldus is het epifenomenalisme een dualistische fysicalistische positie (eindnoot 5).

Er zijn ook andere vormen van fysicalisme, die materialistisch van aard zijn. Zo kan een identiteitstheorie evenmin erkennen dat de subjectieve geest als zodanig 'efficacious' is, omdat het bewuste leven volgens haar in objectieve zin identiek aan bepaalde fysiologische gebeurtenissen in de hersenen is, en de subjectieve eigenschappen er in objectieve zin causaal dus niet toe doen. Anderzijds ontkennen eliminationistische oftewel eliminatieve posities vanzelfsprekend elke invloed van de geest, om de eenvoudige reden dat er volgens die posities helemaal geen geest bestaat.

Het epifenomenalisme wordt in de filosofie van de geest nogal eens opgevat als synoniem van fysicalisme. Zo noemt men soms ook de identiteitstheorie epifenomenalistisch. Dit soort verwarring vergemakkelijkt het discussiëren over epifenomenalisme niet bepaald. Er worden argumenten op tafel gelegd die in feite voor of tegen andere vormen van fysicalisme zijn gericht. Daarom wijzen we er nogmaals nadrukkelijk op dat epifenomenalisme een dualistische ontologie kent. Het is deze ontologie die het er op basis van het fysicalistisch uitgangspunt toe brengt te concluderen dat er wel een geestelijk leven is, maar dat dit geen enkele invloed heeft op de werkelijkheid.

Dualisme en psychogene causaliteit

Het epifenomenalisme is een van de dualistische antwoorden die men geeft op de vraag naar psychogene causaliteit, dat wil zeggen: de invloed van de geest op de werkelijkheid. Het is het enige geheel fysicalistische antwoord binnen het dualisme.
Er zijn nog twee andere dualistische posities wat deze kwestie betreft. Enerzijds is er het parallellisme, dat een gedeeltelijk fysicalisme handhaaft. Volgens het parallellisme heeft de geest wel causale invloed op zijn eigen mentale werkelijkheid, maar niet op de fysieke werkelijkheid. Net zoals binnen het fysicalisme het geval is, wordt de materiële wereld geheel en al door fysieke wetmatigheden gedetermineerd. Een belangrijk verschil is echter dat de materiële wereld ook geen enkele invloed uitoefent op de geest. Er zou sprake zijn van een volledig parallelle causaliteit binnen de twee typen domeinen van de werkelijkheid. Anderzijds is er het interactionisme, dat het fysicalisme ook binnen de materiële wereld verwerpt. Volgens het interactionisme oefenen de materie en de geest allebei

134

zowel een causale invloed op zichzelf als op elkaar uit.

Ontwikkeling van het epifenomenalisme

John Beloff (eindnoot 6) schrijft over het epifenomenalisme: 'Het zou werkelijk geen overdrijving zijn te stellen dat het tegenwoordig niet alleen door de meeste wetenschappers, maar door vele van de meest invloedrijke filosofen van de Engelstalige wereld, wordt beschouwd als onbetwistbaar'. Het is natuurlijk niet altijd zo geweest. De term alleen al is van recente datum. Toch komt een bepaalde vorm van epifenomenalisme reeds voor bij Plato, namelijk in een argument van Simmias uit de Phaedo (eindnoot 7). Simmias vergelijkt de verhouding van de ziel tot het lichaam met die tussen een harmonie en een lier. Echt van belang werd het epifenomenalisme echter pas bij de opkomst van de neurologie en de psychologie aan het eind van de vorige eeuw (eindnoot 8). Men zocht naar een compromis tussen het evidente bestaan van niet verder reduceerbare bewuste ervaringen en de veronderstelde gesloten fysische causaliteit die men reeds sinds Descartes had ingevoerd in de dierfysiologie (eindnoot 9). William James (eindnoot 10) noemt als belangrijke namen in dit verband: Shadworth Holloway Hodgson, Spalding, Th. Huxley en William K. Clifford. Huxley (eindnoot 11) stelt onder meer:

135

'Het lijkt erop dat het bewustzijn van dieren zich eenvoudig tot het mechanisme van hun lichaam verhoudt als een bijverschijnsel van de werking ervan, en dat het evenzeer elk vermogen mist om die werking te beïnvloeden, als de stoomfluit die de werking van een locomotief begeleidt en die geen enkele invloed heeft op de machinerie van de locomotief. [..De..] argumentatie die van toepassing is op dieren is even houdbaar in verband met mensen; en daarom [...] worden alle bewustzijnstoestanden bij ons, net als bij hen, onmiddellijk veroorzaakt door moleculaire veranderingen van de hersenen. Het schijnt me toe dat er bij mensen, evenals bij dieren geen enkel bewijs bestaat dat welke bewustzijnstoestand dan ook de oorzaak is van een verandering in de beweging van de materie van het organisme. [...] Wij zijn bewuste automaten'.

De term 'epifenomeen' stamt overigens oorspronkelijk van epiphaenomenon, een Grieks neologisme gevormd door de arts Quesnay (1694-1774) om bijverschijnselen van ziekten aan te duiden (eindnoot 13). Volgens Dennett kwam de term in het algemeen voor het eerst in 1706 voor. Het woord 'epifenomeen' zou in de continentale filosofie van de geest voor het eerst gebruikt zijn door E. von Hartmann in 'Die Moderne Psychologie' uit 1901 (eindnoot 14). Sinds de eeuwwisseling is het epifenomenalisme nog opnieuw geformuleerd, maar zonder de kern ervan te wijzigen. Sedertdien heeft het een belangrijke rol gespeeld in filosofie - ook bij all round wijsgeren zoals Nietzsche (eindnoot 15) en Santayana, neurologie en geneeskunde.

Ook in het type behaviorisme van B.F. Skinner was er sprake van een soort epifenomenalisme (eindnoot 16). Skinner stelde dat men in de psychologie slechts het gedrag van mens en dier moest bestuderen, omdat zoiets als beleving toch geen enkele invloed had. Tegenwoordig lijkt het epifenomenalisme meer aanhang te krijgen onder cognitieve (functionalistisch (eindnoot 17) georiënteerde) psychologen (eindnoot 18). De cognitieve psychologie lijkt wat dat betreft de weg op te gaan van Skinners behaviorisme.

Bewustzijn als factor van enig belang zou wel eens evenzeer uit de cognitivistische theorieën kunnen verdwijnen (eindnoot 19) zoals het altijd al heeft ontbroken binnen het behaviorisme. Zo spreekt Ray Jackendoff in zijn boek 'Consciousness and the computational mind' uit 1987 bijvoorbeeld van een 'computationele' en een bewuste geest. De 'computationele geest' kan men in feite zien als de hersenen die informatie verwerken of 'berekenen'. De hersenen bepalen geheel en al de inhoud van de bewuste geest, die volledig machteloos is. Hij formuleert met name de zogenoemde hypothese van de 'Non-efficacy' van bewustzijn (eindnoot 20).

Implicaties van het epifenomenalisme
In wijsgerige zin impliceert epifenomenalisme
allereerst dat wat we doen of ervaren nooit
veroorzaakt wordt door wat we subjectief beleven of
hebben beleefd. Deze implicatie gaat veel verder dan
de ontkenning van een vrije wil. We staan als
subjectieve wezens volledig machteloos tegenover
processen in de materiële wereld. We kunnen er geen
invloed op hebben, maar worden er zelf geheel en al
door bepaald. Onze relaties tot de werkelijkheid, onze
relatie tot ons zelf, tot anderen, tot voorwerpen, et
cetera, worden volledig veroorzaakt door
fysiologische processen in de hersenen. Nooit zetten
zulke relaties zelf iets in gang. Het epifenomenalisme
impliceert antropologisch dus een 'opgesloten'
bewustzijn dat helemaal niets kan ondernemen en ook
geen enkele zeggenschap heeft over zichzelf. Deze
metafysica heeft natuurlijk grote gevolgen voor de
waardeleer en ethiek.
Axiologisch impliceert epifenomenalisme in feite dat
al onze waarden biogeen zijn; er bestaan geen
waarden die niet het epifenomeen zouden zijn van
neurologische processen. Alles wat mensen ervaren
als uitstijgend boven het zuiver biologische, zoals
schoonheid, waarheid of vriendschap, is in feite niets
anders dan het machteloze product van de letterlijk

'waardeloze' fysiologie. Dit benadert een nihilistische axiologie. Waarom vinden veel mensen bijvoorbeeld een bepaald opus van Beethoven ontroerend? Enkel en alleen omdat hun hersenen op een specifieke manier reageren op een bepaalde auditieve structuur en omdat deze fysieke reactie een bepaald positief subjectief gevoel veroorzaakt. Op het gebied van ethiek worden niet alleen begrippen als verantwoordelijkheid inhoudsloos, maar ieder ethisch ideaal moet worden opgevat als uitsluitend veroorzaakt door hersenprocessen. Het enige type ethiek dat hiermee verenigbaar is, is een strikt descriptief naturalisme. Het morele domein wordt met andere woorden volledig bepaald door de amorele neurologie.

In de psychologie impliceert het epifenomenalisme dat men alles wat er bij gedrag en cognitie toe doet in principe volledig kan simuleren door machines (computers). Hetzelfde geldt voor de dierpsychologie en ethologie: als menselijk bewustzijn er niets toe doet, dan geldt natuurlijk hetzelfde voor dierlijk bewustzijn (eindnoot 21). In de neuropsychologie en psychiatrie leidt het epifenomenalisme tot een volledig biologisch georiënteerd denken. Het gaat er in het geval van psychische stoornissen altijd om de fysiologie te beïnvloeden (biopsychiatrie).
De parapsychologie (eindnoot 22) die 'paranormale'

verschijnselen bestudeert die in experimentele situaties optreden, is tenslotte moeilijk denkbaar bij de veronderstellingen van het epifenomenalisme. Verschillende parapsychologische onderzoekers zien hun empirisch onderzoek als toetsingsmogelijkheid voor de hypothese van directe interacties tussen geest en werkelijkheid, dat wil zeggen: onderzoek naar buitenzintuiglijke waarneming en naar psychokinese, waarbij de materiële werkelijkheid buiten de motoriek om wordt beïnvloed (eindnoot 23).

Argumenten ten gunste van epifenomenalisme

Kiezen voor de epifenomenalistische positie is geen kwestie van willekeur. In feite bestaat ze, zoals gezegd, uit een combinatie van dualisme met fysicalisme. Met het dualistisch element omzeilt het epifenomenalisme het bezwaar tegen materialisme dat dit het bewustzijn waar het zelf als stroming afhankelijk van is, ontkent of reduceert tot iets materieels en dus onbewusts (eindnoot 24).
Onze aandacht zal zich in het vervolg van dit artikel richten op het fysicalistisch aspect van het epifenomenalisme, niet op de door ons gedeelde dualistische ontologie (eindnoot 25). Dit essay gaat dus verder uitdrukkelijk *niet* in op welke vorm van materialisme dan ook, omdat we het, net als alle epifenomenalisten en andere soorten dualisten (of ruimer: pluralisten), evident vinden dat er aspecten

van de subjectieve geest bestaan die a priori op geen enkele manier opgevat kunnen worden als materieel. De ontologische discussie moet volgens ons met andere woorden gevoerd worden vóór de discussie over causale efficacy, niet tijdens, laat staan erna. Vermenging van deze twee duidelijk verschillende vraagstukken heeft reeds genoeg tot verwarring geleid. Hoe impopulair dat ook moge zijn, volgen wij de materialistische mode dus uitdrukkelijk niet en bespreken het efficacy-probleem hier verder alleen binnen een dualistisch kader.

Epifenomenalisten brengen voor hun fysicalisme de volgende argumentatie naar voren:

1. Het is theoretisch gezien het zuinigste om fysicalist te zijn, omdat

(a) de natuurkundige wetten voor zover we weten geldig zijn binnen alle organisatievormen van materie, inclusief het menselijk organisme en diens hersenen (eindnoot 26).

(b) er geen enkel empirisch bewijs bekend is van een psychogene invloed op de werkelijkheid (eindnoot 27).

2. Interactionisme is 'onvoorstelbaar'. Het zou overeenkomen met 'magie', zoals Jackendoff het uitdrukt (eindnoot 28). Hoe kan iets geestelijks namelijk iets materieels veroorzaken? Dit tweede punt laten we hier meteen achter ons. Als psychogene beïnvloeding van de hersenen 'onvoorstelbaar' is, dan

is somatogene veroorzaking van de psyche dat natuurlijk al helemaal. En op zo'n veronderstelde 'magische' veroorzaking is het epifenomenalisme expliciet gebaseerd. We kunnen hier nog aan toevoegen dat in wezen alle veroorzaking mysterieus is (eindnoot 29).

In het vervolg beschouwen we dus alleen het zuinigheidsargument als acceptabel. Het zuinigheidsprincipe is belangrijk in de wetenschapsfilosofie omdat het allerlei ongefundeerde speculaties kan intomen.

Argumenten tegen epifenomenalisme

Na onze uiteenzetting van het epifenomenalisme, zijn we nu toegekomen aan een beschouwing van tegenargumenten. Volgens Hodges en Lachs (eindnoot 30) zou het epifenomenalisme in de loop van de geschiedenis overigens vaker zijn aangevallen dan verdedigd. Men kan zich de motivering daarvan goed voorstellen, gezien de weinig aantrekkelijke implicaties van de positie op allerlei gebieden. We kunnen binnen de geleverde tegenargumenten onderscheiden tussen vier typen: intuïtieve bezwaren, argumenten tegen de spaarzaamheid ervan, een argument tegen de validiteit van epifenomenalisme, en tenslotte logische argumenten die zich richten tegen de interne consistentie van het epifenomenalisme. We zullen eerst de (ons bekende) geleverde argumenten bespreken en pas daarna een eigen (logisch) argument op tafel leggen.

Intuïtieve bezwaren

Intuïtieve bezwaren tegen epifenomenalisme liggen erg voor de hand (eindnoot 31). Het epifenomenalisme komt helemaal niet overeen met het gemiddelde zelfbeeld, misschien dat van epifenomenalisten zelf uitgezonderd. 'Gewone' mensen vinden het evident dat ze soms schreeuwen omdat ze pijn voelen, of dat ze soms iemand toelachen omdat ze sympathie jegens hem of haar voelen, etc. (eindnoot 32). Het epifenomenalisme gaat tegen deze intuïtieve opvatting van het bestaan van psychogene causaliteit in. Het zou de opvatting als het ware ontmaskeren als een naïeve illusie, in de trant van: Mensen denken wel dat hun bewuste ervaringen er iets toe doen, maar daar vergissen ze zich gewoon in, dat lijkt namelijk alleen maar zo. In werkelijkheid zijn alleen hersenprocessen en structuren werkelijk van belang (eindnoot 33). Het intuïtieve argument dat de gewone dagelijkse omgangstaal toch zeker bol staat van het belang van bewustzijn is natuurlijk even zwak: De taal weerspiegelt namelijk allerlei opvattingen die er onder (gewone) mensen leven, en die opvattingen kunnen zoals gezegd volledig foutief zijn. Wij delen genoemde intuïtieve bezwaren, maar zien in dat ze in de discussies rond epifenomenalisme van weinig gewicht zijn.

Argumenten rond spaarzaamheid
Men kan binnen de argumenten in verband met spaarzaamheid een onderverdeling maken tussen argumenten die ingaan tegen bovengenoemd argument 1 (a) van de epifenomenalisten, en een argument tegen 1 (b). Dat wil dus zeggen: tegen de universaliteit van de natuurkundige wetten, en tegen het ontbreken van empirisch bewijsmateriaal voor psychogene causaliteit.

Argumenten tegen de universaliteit van de fysische wetten: Evolutionair argument
Het evolutionaire argument is reeds voorgestaan door William James (eindnoot 34) en recentelijk opnieuw door Popper (eindnoot 35) verdedigd. Volgens William James wijzen de eigenschappen van bewustzijn op zijn 'efficacy' (causale inwerking). Ten eerste wordt het bewustzijn in de loop van de dierlijke evolutie waarschijnlijk steeds complexer en intenser. Het lijkt wat dat betreft op een fysiek orgaan. Ten tweede zou het bewustzijn een 'selecting agency' zijn, een instrument om keuzes te maken. Ten derde lijken de steeds complexer wordende zenuwstelsels naast adaptiever en flexibeler ook steeds instabieler te worden. Bewustzijn zou daarom volgens James

144

waarschijnlijk ontstaan zijn omdat het keuzes stelt en zo de hersenen voor chaos behoedt. Dit komt onder meer omdat alleen bewustzijn iets te kiezen heeft, 'matter has no ideals to pursue'. Bewustzijn zorgt dus voor een grotere kans op het in stand houden van het leven. James redeneert nu als volgt: Deze plausibele voorstelling van zaken levert een legitimatie op van het bestaan van bewustzijn. Als bewustzijn er niet toe doet, waarom zou het dan ooit zijn ontstaan?

Karl Popper (eindnoot 36) formuleert het zo: '[...] epifenomenalisme botst met de darwinistische visie. [...] Darwinisten behoren 'de geest' te beschouwen [...] als analoog aan een (waarschijnlijk nauw met de hersenen verbonden) fysiek orgaan, dat geëvolueerd is onder druk van natuurlijke selectie' (eindnoot 37). Het probleem met het evolutionaire argument is nu dat men zich te weinig rekenschap geeft van het feit dat lang niet alle onderdelen van een organisme zelf functioneel hoeven zijn vanuit een evolutionair standpunt gezien (eindnoot 38). Een poolbeer heeft bijvoorbeeld een dikke warme vacht die tegelijk ook nog eens zwaar is. De warmte van de vacht draagt bij tot zijn overleven, maar de zwaarte ervan niet. De zwaarte is een onvermijdelijk bijverschijnsel van het dik en warm zijn (eindnoot 39). Het is dus goed denkbaar dat iets nou eenmaal onherroepelijk ontstaat als gevolg van een bepaalde rangschikking van genen zonder dat datgene nou juist evolutionair van belang was. Het is daarom onjuist om te beweren dat het epifenomenalisme zonder meer in strijd zou zijn met het (neo-)darwinisme. Het gaat er niet om dat bewustzijn een positief effect heeft, wil het gehandhaafd blijven als verondersteld effect van de evolutie, maar slechts dat het de kans op overleven en reproductie niet negatief beïnvloedt. Dat is nou net wat het geval is volgens het epifenomenalisme; bewustzijn beïnvloedt immers helemaal niets, noch positief noch negatief. Wat betreft James' argument van de 'selecting agency' die bewustzijn zou zijn: dit wordt expliciet bestreden door Ray Jackendoff (eindnoot 40). Het gaat volgens Jackendoff in werkelijkheid om een onbewust, 'computationeel' proces van concentratie en selectie van bepaalde informatie, dat in veel gevallen wel tot ervaringen van bewuste aandacht leidt. De echte selectie en keuze zou dus onbewust plaatsvinden! Niet op grond van bewuste doeleinden en motieven maar op basis van de veronderstelde onbewuste 'substraten' (onderliggende fysiologische structuren) daarvan.

Aanwijzing voor teleologie
Een volgend argument dat William James (eindnoot 41) leverde, luidt dat bij hersenongevallen functies tijdelijk kunnen wegvallen maar later blijkbaar kunnen worden overgenomen door andere hersendelen, hetgeen zou wijzen op een

doelgerichtheid die alleen maar met bewustzijn kan samenhangen. Het probleem met dit argument is dat er in feite sprake zou kunnen zijn van een voorgestructureerdheid van hersenen die op verschillende manieren kan worden aangesproken. Niet het bewustzijn zou dus de oorzaak hoeven zijn voor de overname van functies, maar slechts de interactie tussen de eisen die het leven aan het organisme stelt en de fysiologische mogelijkheden waarover het nog beschikt. De veronderstelde teleologie zou in theorie slechts schijnbaar kunnen zijn.

Argument tegen het ontbreken van empirisch bewijsmateriaal voor psychogene causaliteit: parapsychologische gegevens
John Beloff (eindnoot 42) is de voornaamste tegenstander van het epifenomenalisme die zich baseert op 'paranormale' oftewel PSI-fenomenen, dat wil zeggen buitenzintuiglijke waarneming (ESP) en psychokinese (PK). Beloff gelooft dat alleen PSI-verschijnselen de invloed van de geest kunnen aantonen. Hij verwerpt expliciet alle andere typen argumenten. Deze opstelling is vergelijkbaar met die van Ray Jackendoff die stelt dat hij alleen door empirisch materiaal overtuigd zou kunnen worden van de onjuistheid van zijn positie. Jackendoff weet daarbij trouwens niet welke soort fenomenen hem

eventueel zou kunnen overtuigen (eindnoot 43). Aangezien alleen PSI-fenomenen het epifenomenalisme volgens hem zouden kunnen ontkrachten, beschouwt John Beloff de parapsychologie als één van de belangrijkste middelen om onze menselijke waardigheid en eigenwaarde terug te winnen. Hij stelt daarbij dat er goede redenen zijn om aan te nemen dat er werkelijk PSI-fenomenen bestaan. Vervolgens wijst hij erop dat PSI het zuinigst verklaard kan worden door vormen van psychogene causaliteit. Er is namelijk volgens hem geen enkele aanwijzing dat de hersenen over volledig onbekende vermogens beschikken die PSI tot gevolg zouden kunnen hebben (eindnoot 44). Tegelijkertijd heeft men bij PSI-fenomenen naar zijn idee te maken met dezelfde 'betekenisvolle en doelgerichte activiteiten als [bestudeerd door] de gangbare psychologie' (eindnoot 45). Het is weliswaar nog denkbaar dat PSI-fenomenen door iets volslagen anders dan geest èn hersenen worden veroorzaakt, maar dat is in het geheel geen plausibele hypothese.

Alfred Ayer (eindnoot 46) stelt dat epifenomenalisme zo gedefinieerd is, dat een empirische weerlegging nooit geleverd kan worden. Men kan PSI-verschijnselen onzes inziens echter toch beschouwen als fenomenen waarbij de waarschijnlijkheid van een fysicalistische verklaring zo dicht de nul nadert, dat de epifenomenalistische zuinigheidsclaim krachteloos

148

wordt (eindnoot 47). Bovendien zijn we van mening dat de parapsychologie het bestaan van PSI zelf reeds voldoende aannemelijk heeft gemaakt. In de tijd dat filosofen als William James (eindnoot 48), Gerard Heymans (eindnoot 49), Henri Bergson (eindnoot 50) en H.H. Price (eindnoot 51) deze verschijnselen betrokken in hun filosofie van de geest, waren de onderzoeksgegevens controversiëler dan nu het geval is. Ondertussen is de evidentie voor het voorkomen van de verschijnselen van dien aard dat publicaties over het onderzoek naar psychokinese worden opgenomen in natuurkundige tijdschriften (eindnoot 52) en bijvoorbeeld ook geaccepteerd worden door de gezaghebbende American Association for the Advancement of Science. Enkele vooraanstaande fysici lijken geneigd de verschijnselen niet zozeer terug te voeren tot autonome fysische processen, maar ze op te nemen in een model dat interactionistische kenmerken vertoont (eindnoot 53). Men kan het dus gevoelsmatig weliswaar moeilijk vinden om het bestaan van PSI-fenomenen zelfs maar serieus te overwegen, maar dit mag aan het einde van de 20ste eeuw niet langer een beletsel vormen om het aanzienlijke bewijsmateriaal op dit gebied naar zijn juiste waarde te schatten.

Argument tegen de validiteit van

epifenomenalisme

Ook dit argument werd geleverd door Karl Popper (eindnoot 54). Hij stelt dat indien een redenering eigenlijk slechts fysiologisch wordt voltrokken, de epifenomenalist geen aanspraak meer mag maken op de geldigheid van zijn eigen positie. De eventuele geldigheid van epifenomenalisme is namelijk geen fysieke eigenschap, maar komt neer op een positief oordeel over de positie op basis van abstracte maatstaven. Hij beschouwt dit gegeven niet als een weerlegging van het epifenomenalisme, maar concludeert wel dat het epifenomenalisme niets kan aanvoeren om zichzelf te verdedigen, omdat zoiets de erkenning van de invloed van niet-fysieke maatstaven zou impliceren. We onderschrijven deze argumentatie van Popper. Als het epifenomenalisme beweert dat het in de werkelijkheid slechts om fysieke entiteiten gaat, wat zou het zich dan nog bekommeren om zoiets als "waarheid" en 'geldigheid'?

Argumenten tegen de interne consistentie van het epifenomenalisme

Er zijn verscheidene, gelijksoortige logische argumenten geformuleerd waarom het epifenomenalisme zichzelf zou tegenspreken. Al deze argumenten komen in essentie neer op de volgende redenering: Het epifenomenalisme heeft het zelf over bewustzijn als het b.v. zijn efficacy ontkent. Dit impliceert dat het bewustzijn hoe dan ook op één of andere manier van invloed is geweest op het betoog en de achterliggende gedachtegangen van het epifenomenalisme.

Het argument van de kennis van bewustzijnsinhouden

De meest ruwe vorm van bovenstaande algemene redenering luidt als volgt. Epifenomenalisten hebben het over allerlei bewustzijnsinhouden, zoals het zien van kleuren of het horen van geluiden, en beweren dat geen van die inhouden ook maar enig effect op de werkelijkheid heeft. Hoe kan het dan dat de epifenomenalisten het zelf over bewustzijnsinhouden hebben (eindnoot 55)?

Deze versie van het argument is echter nog te weerleggen door het epifenomenalisme. Als men het heeft over bewustzijnsinhouden dan praat men volgens het epifenomenalisme namelijk niet over die inhouden zelf, maar in feite alleen over de specifieke fysiologische substraten die de veronderstelde oorzaak vormen van allerlei verschillende subjectieve ervaringen (eindnoot 56). Een propositie als 'Ik zie de kleur rood' zou dus geheel en al veroorzaakt worden door de veronderstelde fysiologische pendant van de inhoud van bewustzijn waar sprake van is. Dat zulke fysiologische substraten er voor elke bestaande bewuste inhoud zijn, is een basisprincipe van het epifenomenalisme: Alle subjectieve ervaringen zouden immers veroorzaakt worden door hersenstructuren of -processen (eindnoot 57).

Het argument van de oorsprong van het concept 'bewustzijn'

Waar komen onze concepten rond subjectieve ervaringen vandaan? Dat is de vraag die een tweede versie van het logische argument stelt. S. Shoemaker (eindnoot 58) stelt dat qualia de oorzaak vormen van het bestaan van een geloof ('belief') in het bestaan van qualia. Men zou in navolging van Shoemaker kunnen stellen dat mensen over het concept "bewustzijn" denken, praten en schrijven omdat ze dat concept op basis van bewustzijn hebben gevormd. Zo geformuleerd is het argument echter nog steeds niet sterk genoeg (eindnoot 59). Ten eerste zou men zich volgens epifenomenalisten een conceptuele representatie van bewustzijn kunnen voorstellen binnen een systeem dat helemaal geen bewustzijn heeft, maar slechts een aangeboren concept 'bewustzijn'. Ten tweede bewijst praten over bewustzijn nog niets aangaande de aanwezigheid van bewustzijn, omdat men ook een geestloze computer zo kan programmeren dat het talige output produceert met betrekking tot het concept 'bewustzijn.'

Het argument van de verwondering over bewustzijn

Elitzur (eindnoot 60) stelt dat bewustzijn inderdaad niet de oorzaak van een concept 'bewustzijn' hoeft te zijn, maar wel de oorzaak waarom 'people are bothered by problems of consciousness'. Als er echter sprake kan zijn van een aangeboren concept 'bewustzijn', hetgeen Elitzur in principe denkbaar acht, dan kan men de emotionele betrokkenheid bij het merkwaardige concept 'bewustzijn' nog steeds wegverklaren, namelijk als subjectief bijverschijnsel van een zuiver fysiologisch proces. Fysiologische substraten van verwondering in relatie tot het veronderstelde aangeboren concept 'bewustzijn' zouden dus leiden tot de ervaring van verwondering en belangstelling.

Het argument van de rechtvaardiging van het concept 'bewustzijn'

We kennen zelf drie schrijvers die volledig onafhankelijk van ons tot de hierna volgende versie van het logische argument tegen epifenomenalisme zijn gekomen, namelijk: Michael Watkins, Daniel C. Dennett (eindnoot 61) en John Foster. Als reactie op een stuk van Jackson uit 1982 (eindnoot 62), schreef Michael Watkins een kort artikel in *Analysis* (eindnoot 63). Jackson verdedigde in zijn essay het bestaan van volledig machteloze 'epiphenomenal' qualia, dat wil

153

zeggen kwalitatieve aspecten van ervaring. Hier reageert Watkins als volgt op (eindnoot 64): 'De enige aanwijzing die we voor qualia hebben is onze directe ervaring ervan. [...] Epifenomenalisme geeft niet aan hoe we tot een te rechtvaardigen geloof in het bestaan van qualia zouden kunnen komen.' Daniel C. Dennett publiceerde na Watkins' formulering en ook na een eerste formulering van dit argument door één van ons (eindnoot 65), in 1991 zijn 'Consciousness explained'. Hoewel vertrekkend vanuit een andere filosofie van de geest, het functionalisme, toont hij op een soortgelijke manier aan dat het epifenomenalisme intern inconsistent is, en om die reden geen serieuze filosofische aandacht meer verdient (eindnoot 66). Hij stelt letterlijk op pagina 403: 'Zou er een andere reden kunnen zijn om te stellen dat ze [subjectieve ervaringen] bestaan? Wat voor een soort reden? Blijkbaar een a priori reden. Maar wat dan? Niemand heeft ooit zo'n reden gegeven – goed, slecht of neutraal – die ik onder ogen heb gekregen.' En op bladzijde 405 zegt hij dan ook: 'Dus als er iemand een variant van het epifenomenalisme beweert aan te hangen, moet u proberen beleefd te blijven, maar vraag wel: 'Waar hééft u het over?'.

Volgens Stokes (1991) stelt John Foster in een bespreking van dit onderwerp dat *als* epifenomenalisme juist is, alles wat de voorstanders ervan over mentale ervaringen beweren zijn betekenis zou verliezen, aangezien zulke ervaringen geen impact zouden kunnen hebben op hun eigen gedachten of woorden. Anders gezegd, de veronderstelde validiteit van het epifenomenalisme ondergraaft zichzelf.

Eigenlijk stipt ook de Nederlandse filosoof René Marrres het argument van de rechtvaardiging van het concept 'bewustzijn' aan. Alleen spreekt hij ten onrechte van een paradox, in plaats van over een contradictie, als hij op bladzijde 183 van zijn genoemde boek stelt: "De epifenomenalist kan dus niet volhouden dat hij het bestaan van geestelijke processen poneert omdat ze er zijn." Marres heeft de waarde van het argument dus helaas onderschat.

Watkins, Dennett en Foster hebben onzes inziens precies de spijker op zijn kop geslagen. Om dit duidelijk te maken zullen we nu dan tot onze eigen, onafhankelijke formulering van het argument overgaan:

(i) Het epifenomenalisme gebruikt het concept 'bewustzijn', het stelt namelijk dat er een bewustzijn bestaat, dat eigenschappen bezit die niet materieel zijn, etcetera.

(ii) Het epifenomenalisme stelt dus dat zijn concept 'bewustzijn' betrekking heeft op een reëel deel van de werkelijkheid, namelijk een epifenomenale maar onreduceerbare mentale belevingswereld.

(iii) Men moet zich realiseren dat ook al zou het bewustzijnsconcept aangeboren zijn, de werkelijkheid van datgene waar het concept naar verwijst – bewustzijn - uiteindelijk nog steeds alleen vastgesteld zou kunnen worden door middel van introspectie, dat wil zeggen: door de vaststelling dat er bewuste ervaringen bestaan. Het epifenomenalisme gaat uit van de realiteit van bewustzijn en beroept zich daarbij op de (introspectieve) evidentie van het bestaan van bewuste ervaringen. Of er nu een aangeboren concept 'bewustzijn' is of niet, epifenomenalisme verwijst naar subjectieve ervaringen als toetssteen van zo'n concept. Het is immers absurd om te menen dat de realiteit van iets vastgesteld zou kunnen worden door het feit dat we er een concept voor hebben (De lezer denke bijvoorbeeld maar aan de 'eenhoorn'). De enige geldige reden om het bestaan van bewuste ervaringen aan te nemen is dus de introspectieve vaststelling dat er zulke ervaringen zijn. Als niemand ooit zo'n vaststelling doet, is er geen enkele reden om aan te nemen dat er ook echt bewustzijn bestaat. Het epifenomenalisme is dus gedwongen om de grond van zijn onvoorwaardelijke aanvaarding van bewustzijn te leggen in een introspectief contact met dat zelfde bewustzijn. Zo'n contact staat echter gelijk aan een causale invloed van het bewustzijn op de begripsvorming van degene die het introspectief

waarneemt. Het is hierbij overigens niet nodig om de causale invloed van het bewustzijn bij introspectie op te vatten als een 'daad'. Het is voldoende om het op te vatten als 'factor', vergelijkbaar met de causale status van een waargenomen object tijdens het waarnemingsproces (eindnoot 67). Wat dit betreft zou men op basis van de bekende zegswijze van Berkeley een nieuw devies als 'percipi est movere' (waargenomen worden is bewegen) kunnen hanteren. Deze visie contrasteert duidelijk met die van David Chalmers (1996) die lijkt te denken dat een werkelijk bestaande entiteit verschil kan uitmaken voor onze kennis zonder daarbij een echte causale invloed uit te oefenen. Chalmers lijkt over het hoofd te zien dat opdat we een realistisch concept van iets hebben, datgene op de een of andere manier gerepresenteerd moet zijn in ons geheugen (ongeacht of dit geheugen mentaal of neuraal is), wat betekent dat de niet-causale invloed op onze kennis die hij veronderstelt uiteindelijk toch wel degelijk een werkelijk causaal effect moet hebben. Een vergelijkbare vergissing zien we bij Alexander Staudachter in zijn lezing uit 2002, *Qualia-Epiphenomenalism Revisited* gegeven tijdens the Mental Causation-Conference te Bielefeld)
(iv) Aldus is het epifenomenalisme innerlijk tegenstrijdig: Het stelt dat er een geldige reden is om uit te gaan van mentale ervaringen, maar proclameert tegelijkertijd dat die ervaringen volstrekt onkenbaar

zijn door ze elke causale invloed te ontzeggen (eindnoot 68). De conclusie luidt dan ook dat epifenomenalisme definitief gediskwalificeerd moet worden. Een mogelijk verweer van epifenomenalisten zou op het eerste gezicht kunnen zijn dat er in dit analytisch argument sprake is van een dubieus soort "justificationisme". Niet alle theoretische entiteiten in een hypothese hoeven immers direct gerechtvaardigd te worden door waarnemingen. Het is toch voldoende als de entiteiten verschil uitmaken voor de voorspellingen die uit de hypothese volgen? Dit verweer lijkt misschien het epifenomenalisme vrij te pleiten van de noodzaak zijn zekerheid dat er subjectief bewustzijn bestaat, te onderbouwen. Echter, het tegendeel blijkt het geval. Ook als men het verweer serieus neemt, leidt dat namelijk tot de stelling dat het bewustzijn invloed moet hebben, hoe indirect ook, op de voorspellingen over de werkelijkheid. En zo'n invloed is evenmin verenigbaar met het epifenomenalisme (eindnoot 69).

Epifenomenalisme blijkt in feite een vorm van obscurantisme, van het verkeerd voorstellen van (een deel van) de werkelijkheid ten behoeve van als onaantastbaar beschouwde denkbeelden, dat wil zeggen: van het fysicalisme (eindnoot 70) en van de onreduceerbaarheid van de bewuste geest. Men zou kunnen zeggen dat het de 'vluchtheuvel' was voor fysicalisten die niet blind waren voor hun eigen subjectiviteit (eindnoot 71). Met bovenstaand argument is aangetoond dat het fysicalisme zich niet langer veilig mag wanen.

Implicaties van de diskwalificatie van het epifenomenalisme

De diskwalificatie van epifenomenalisme is, zoals we boven hebben gezien, onvermijdelijk. We willen nu stilstaan bij de gevolgen die de diskwalificatie van het epifenomenalisme zou moeten hebben. Ray Jackendoff stelde in 1989, geconfronteerd met onze argumentatie van de rechtvaardiging van het concept 'bewustzijn' dat het misschien verstandig was om de realiteit van subjectieve ervaringen te heroverwegen (eindnoot 72). Daniel Dennett maakt het in feite nog bonter. Uitgaande van zijn eigen formulering van ons analytische argument, concludeert hij dat 'niemand bewust is' (eindnoot 73), in ieder geval niet in de gangbare, 'mysterieuze', kwalitatieve betekenis van die term (eindnoot 74). Beide auteurs concluderen dus kennelijk uit de onverzoenbaarheid van 'fysicalisme' en 'dualisme' binnen het epifenomenalisme dat het evidente bewustzijn geëlimineerd moet worden, opgeofferd aan de handhaving van het 'onbetwijfelbare' fysicalisme (eindnoot 75). In feite zou zoiets een moderne vorm van blinde, ongefundeerde dogmatiek mogen heten.

Overigens is het interessant dat beide denkers niet meer kiezen voor de identiteitstheorie, maar direct voor een eliminatief of reductionistisch materialisme dat de bewuste ('fenomenale') geest (in een niet-reductieve zin) ontkent. Dit komt omdat ook de identiteitstheorie stelt dat alleen de zogeheten "objectieve" variant van de subjectieve geest, dat wil volgens die theorie dus zeggen de hersenen (of een deel ervan) causale invloed kan hebben.

Dit is echter, zoals we hebben gezien, onmogelijk omdat het voor de legitimering van het postuleren van een subjectieve geest nodig is dat die subjectieve geest *als* subjectieve (fenomenale) geest en niet alleen in zogeheten "objectieve", fysiologische zin *efficacious* is (eindnoot 76). Wij zullen hoe dan ook, de opportunistische ontkenning van het bewustzijn niet volgend, moeten zoeken naar een andere oplossing met betrekking tot psychogene causaliteit *binnen een dualisme*, tenzij we kiezen voor idealisme, een opvatting die we hier buiten beschouwing zullen laten.

De diskwalificatie van parallellisme

Er wordt door verscheidene schrijvers op gewezen (eindnoot 77) dat het parallellisme en het epifenomenalisme tamelijk dicht bij elkaar liggen. Beide posities gaan er met name vanuit dat er voor elke subjectieve ervaring een fysiologische pendant bestaat. Het verschil is echter dat deze tegenhanger volgens het epifenomenalisme het substraat van de ervaring is, terwijl er bij het parallellisme slechts sprake is van een parallel correlaat. Het parallellisme dient nu om een soortgelijke reden gediskwalificeerd te worden als het epifenomenalisme, het gaat om een soort spiegelbeeld van ons analytisch argument. Het epifenomenalisme kan zijn zekerheid dat er een bewuste geest bestaat niet rijmen met de geïmpliceerde onmogelijkheid om het bestaan van bewustzijn te kennen. Het parallellisme kan aan de andere kant zijn zekerheid dat er een fysieke wereld bestaat niet rijmen met het onvermogen van die wereld om de psyche te beïnvloeden. Er kan met andere woorden volgens het parallellisme enerzijds geen twijfel over bestaan dat er een fysieke wereld is, maar anderzijds volgt uit de gepostuleerde strikt gescheiden parallelle causaliteit dat de fysieke wereld geen invloed kan hebben op de psyche. Zodat er wederom sprake is van een contradictie: Men zou het bestaan van een fysieke wereld met zekerheid kennen, terwijl men tegelijkertijd het bestaan van die fysieke wereld met zekerheid niet zou kúnnen kennen. (Overigens is het voor parallellisten weliswaar mogelijk zinvol te denken over het subjectieve bewustzijn als zodanig, maar niet om er zinvol over te praten of schrijven, omdat dit zou betekenen dat mentale kennis over het bewustzijn als zodanig

[onderscheiden van het gepostuleerde neurale correlaat daarvan] toch nog invloed zou moeten uitoefenen op de fysieke realiteit, hetgeen onverenigbaar is met het parallellisme. Dus ook in die zin dient het parallellisme te worden gediskwalificeerd, namelijk als positie die deel mag nemen aan een debat waarbij fysieke uitingen voor intellectuele communicatie worden gebruikt.)
Aldus blijft alleen het interactionisme als mogelijkheid over (eindnoot 78). Dit impliceert dan dat de aanvaarding van het bestaan van onreduceerbare bewuste ervaringen (*naast* van het bestaan van een materiële wereld), dat wil zeggen: dualisme, logisch voert tot interactionisme.

Interactionisme
De intuïtie blijkt het bij het rechte eind te hebben. Wij subjectieve wezens doen er wel degelijk wat toe, we oefenen wel degelijk invloed uit op ons zelf, ons leven en onze sociale en fysieke omgeving. Ook axiologie en ethiek blijken niet zo maar te reduceren tot biogene bijverschijnselen. In de (humane) psychologie, ethologie en dierpsychologie (eindnoot 79) zou het voortaan algemeen duidelijk moeten zijn dat het bewustzijn van belang is voor beleving en gedrag. Het is blijkbaar minstens een bron van conceptvorming. Elke stroming of theorie binnen deze wetenschappen die fundamenteel onverenigbaar is met het bestaan

van psychogene causaliteit zal zich rekenschap moeten geven van de onhoudbare positie van het epifenomenalisme en parallellisme. We zijn, om Huxley te corrigeren, géén 'bewuste automaten'. Ook in de neuropsychologie en psychiatrie zou men moeten uitgaan van invloeden van bewustzijn op processen in het brein. Hersenprocessen zijn niet de enige oorzaak van gedrag en beleving. Een heilzame psychiatrie kan dus niet volstaan met een zuiver fysiologische aanpak. Tenslotte is de wetenschapstheoretische status van de parapsychologie geen probleem meer binnen een interactionisme.

Eindnoten
1. Onze dank gaat uit naar Rob de Vries, John Beloff, Ray Jackendoff en Michael Watkins voor hun adviezen en correspondentie. Verder bedanken we met name René van Delft, Dick Bierman, Bob van Dorp, Eric de Maeyer en Esteban Rivas voor hun commentaar. Tenslotte zijn we Peter Diederen Jr. erkentelijk voor het beschikbaar stellen van zijn omvangrijke bibliotheek.
2. Vergelijk: Rivas en Rivas, 1993, en Rivas, 1992, 27. Ons staat dus *geen* primair reflexieve betekenis van bewustzijn (d.w.z. zelfbewustzijn) voor ogen.
3. Eccles, 1977, 17-18.
4. Huxley, 1898, 31-38. James, 1891, 129. James

noemt als andere beelden nog: schuim, aura, of melodie. Een contemporain symbool is het lichtje of het gezoem bij computers, dat aangeeft dat ze in bedrijf zijn, maar zonder die werking verder te beïnvloeden. Tenslotte wordt ook de schaduw als symbool gebruikt.

5. Beloff, 1987, 215. Bergson, 1944, 40; Hodges en Lachs, 1979, 515.

6. Beloff, 1988, 3.

7. Plato, 36.

8. Stokes, 1993, 43 en verder.

9. Descartes hing in feite het eliminationistische standpunt aan voor niet-menselijke dieren, zodat hij fysicalist was ten aanzien van de dierfysiologie.

10. James, 1891, 130.

11. Huxley, 1898, 240.

12. Ritter, 1972.

13. Dennett, 1991, 401. Zijn bron hiervoor is de "Shorter Oxford English Dictionary".

14. Ritter, idem.

15. Nietzsche, 1950.

16. Skinner, 1971, 88 en 102 en 108.

17. Bedoeld wordt hier functionalisme in de betekenis van filosofie van de geest die het mentale opvat als "functie" van iets anders, zoals de hersenen of een computer.

18. Jackendoff, 1987, 25.

19. Voor zover bewustzijn daarin werkelijk ooit

aanwezig was, in de hier bedoelde cartesiaanse betekenis.

20. Jackendoff, 1987, 25: "Het bewustzijn van een entiteit E kan zelf geen enkel effect hebben op de computationele geest. Uitsluitend de computationele toestanden die E veroorzaken/ondersteunen/projecteren kunnen zo'n effect hebben".

21. Zie bijvoorbeeld: Van Rooijen, 1985, 379-383.

22. We doelen hier op parapsychologie als empirisch onderzoek van anomalieën, waarbij de bestaansmogelijkheid van deze anomalieën tenminste niet apriori ontkend wordt en waarbij het onderzoek erop gericht is de realiteit daarvan te onderzoeken. We doelen dus niet op sociologisch of psychologisch onderzoek dat uitgaat van de hypothese dat de verschijnselen niet werkelijk (kunnen) zijn.

23. Bierman, Van Dongen en Gerding, 1991.

24. Beloff, 1988, 217.

25. Problemen die samenhangen met een idealistische positie (als mogelijk alternatief voor dualisme) worden in dit artikel buiten beschouwing gelaten. Het moge daarnaast duidelijk zijn dat we naast eliminationisme, ook de type- en token-vormen van de identiteitstheorie, het functionalisme en het emergentie-materialisme afwijzen. Deze posities zijn feitelijk ontologisch gezien allemaal vormen van materialisme, want ze stellen dat het geestelijke niet

een apart domein van de werkelijkheid vormt, maar op te vatten is als -en in die zin dus reduceerbaar tot- een "binnenkant", "structurering" of "niveau" van de materie. De "materie" is echter per definitie iets uiterlijks en niet gebonden aan een subject. De materie is dus niet subjectief, ook niet in een speciale verschijningsvorm of op een mysterieus soort niveau ervan. Ontkenning hiervan leidt, zoals Karl Popper (81 en verder) heeft aangetoond, tot een pseudo-materialisme dat in feite een soort idealisme is, of tot een definitoire vertroebeling (een vorm van obscurantisme) waarbij de term "materie" zoiets als "werkelijkheid" betekent, en dus geen onderscheidende functie in het debat meer kan vervullen.

26. Bijvoorbeeld volgens Leibniz, zie: Stokes, 1993, 45.

27. Jackendoff, 1988, persoonlijke communicatie. Vergelijk bijvoorbeeld: Heymans, 1933, 85 en verder.

28. Jackendoff, 1987, 311-317.

29. James, 1891, 136-137; vergelijk: Crane en Mellor, 1990, 192. Eén van de beste passages over dit punt is aan te treffen bij Bolzano, 1970, 66-67: "We moeten echter onmiddellijke inwerkingen [in de natuur] aannemen [...] Want als we niet alle wederzijdse inwerkingen Überhaupt loochenen, als we niet tegen het gezonde verstand in, willen beweren dat er in de hele schepping nergens een oorzakelijke samenhang

tussen de entiteiten zou heersen, als we dit in ieder geval niet willen, dan moeten we toegeven dat er ook allerlei onmiddellijke inwerking bestaat. Want als zoiets niet bestaat, hoe zou een middelijke inwerking dan kunnen bestaan? Onmiddellijke inwerkingen echter, of ze nu tussen substanties, die enkelvoudig zijn, plaatsvinden, of tussen samengestelde voorwerpen, of tussen enerzijds enkelvoudige en anderzijds samengestelde entiteiten, vooronderstellen in al deze gevallen iets onverklaarbaars."

30. Hodges & Sachs, 215.
31. John Beloff, 1987, 215.
32. Vergelijk: Penrose, 1989, 527.
33. Shaffer, 100-101.
34. James, 1891, 138-144.
35. Popper, 1977.
36. Karl Popper, 1977, 72 en verder.
37. Vergelijk dit ook met Penrose, 1989, 528.
38. Marres, 1985, 161-162. We verwijzen ook gaarne naar de Engelse, nog actuelere, vertaling van Marres' boek uit 1989,
In defense of mentalism: A critical review of the philosophy of mind.
39. Jackson, 1982, 134.
40. Jackendoff, 1987, 280-283.
41. James, 1891, 142-143.
42. Beloff, 1987, 218-225.
43. Persoonlijke mededeling.

44. Beloff, 1987, 220. Zelfs al zouden er volledig nieuwe, vooralsnog onbekende fysische principes uit de hersenorganisatie zijn "geëmergeerd", dan nog zouden we niet mogen verwachten dat die hypothetische principes ooit in zouden kunnen gaan tegen de fysische beperkingen van die zelfde hersenen als organisch systeem.

45. Beloff, 1987, 221.

46. Ayer, 1986, 221.

47. Vergelijk: Stevenson, 1987, 228. Men zou zich in theorie nog kunnen voorstellen dat er slechts spontane correlaties tussen fysieke gebeurtenissen en geestestoestanden optreden, hetgeen dus nog wel te verenigen zou zijn met het epifenomenalisme.

48. James, 1986.

49. Heymans, 1925.

50. Bergson, 1944.

51. Price, 1940, 363-385.

52. Radin en Nelson, 1989, 1499-1541. Zie ook weer Bierman, Gerding en Van Dongen, 1992.

53. Bierman, Van Dongen en Gerding, 1992; dit boek bevat bijdragen van o.m. Brian Josephson en Olivier Costa de Beauregard.

54. Karl Popper, 1977, 81.

55. De Vries, 1991, 75-76.

56. Jackendoff, 1977, 311-317.

57. Zie voor een uitgebreide weerlegging van deze versie: Hodges en Lachs, 1979, 515-529.

58. Shoemaker, 1975, 27, 297 en verder.

59. Elitzur, 1989, 9-10.

60. Elitzur, 9; Vergelijk Penrose, 1987, 116; Penrose, 1989, 528.

61. Dennett In zijn genoemde *Consciousness Explained* uit 1991.

62. Jackson, 1982, 127-136.

63. Watkins, 1989, 158-160.

64. Watkins, 1989, 160.

65. Zie de paragraaf 'Filosofische kritiek op het fysicalisme' in Rivas, 1990, 10-11.

66. Dennett, 1991, 402-405.

67. De introspectie zelf is overigens noodzakelijkerwijs wèl een daad van een bewust subject.

68. De logische structuur van de innerlijke inconsistentie van het epifenomenalisme kan bijvoorbeeld nog als volgt worden aangegeven. Stel: - Propositie A luidt: We kennen het bestaan van subjectieve ervaringen (d.w.z. bewustzijn). - Propositie B luidt: We kunnen het bestaan van subjectieve ervaringen niet kennen. Propositie B impliceert dan een Propositie C, die luidt: We kennen het bestaan van subjectieve ervaringen niet. Als wij nu "we kennen het bestaan van subjectieve ervaringen" vervangen door een symbool D, dan ziet het epifenomenalisme er als volgt uit. Het beweert D en niet-D tegelijkertijd, hetgeen duidelijk een

contradictie is.

69. Vergelijk dit met Dennett, 1991, 402: "Hoe zou er dan enige empirische reden kunnen zijn om te stellen dat het [bewustzijn] aanwezig is?"

70. De enorme vanzelfsprekendheid die het fysicalisme in de zogenaamde "harde" natuurwetenschappen heeft, blijkt bijvoorbeeld uit de volgende uitspraak van de zeer bekende kosmoloog Stephen Hawking: 'Wij kennen reeds de natuurkundige wetten die alles beheersen wat wij in ons dagelijks leven ervaren'.

71. Vergelijk dit met Churchland, 1990, 12: 'Het is een compromis tussen de wens recht te doen aan een streng wetenschappelijke benadering van de verklaring van gedrag, en de wens recht te doen aan de getuigenis van introspectie.'

72. Persoonlijke communicatie.

73. Dennett, 1991, 406.

74. Dennett spreekt in zijn *Brainstorms* uit 1979 reeds van "mythisch" waar hij het over qualia heeft.

75. Het persoonlijk bewustzijn, ons subjectieve, innerlijke leven, is in werkelijkheid het enige wat iemand nooit redelijkerwijs kan betwijfelen. Vergelijk: Popper, 1977; Beloff, 1987. We kunnen logisch gezien betwijfelen of er een materiële wereld is (idealisme) dan wel of er anderen zijn (solipsisme), maar het is irrationeel om te betwijfelen of mijn eigen (onreduceerbare,) subjectieve en kwalitatieve

belevingswereld bestaat.

76. We zien dus dat het rechtvaardigen van het poneren van een bewuste geest niet alleen logisch tot het poneren van zijn efficacy leidt, maar ook van zijn non-identiteit met de materie. De subjectieve eigenschappen van de geest zijn namelijk volgens de identiteitstheorie causaal niet relevant, omdat ze slechts behoren tot de innerlijke beleving van aspecten van een materieel object (de hersenen). Alleen de hersenprocessen in objectieve zin zouden efficacious kunnen zijn volgens de identiteitstheorie. Aangezien dit laatste epistemologisch onverdedigbaar is, is de materialistische identiteitstheorie (in al haar denkbare varianten) automatisch ontologisch onhoudbaar.

77. Bijvoorbeeld: Popper, 1977, 72. Parallellisme is in dit opzicht overigens ook verwant aan 'modernere' posities als de dubbel-aspect theorie of neutraal monisme.

78. We gaan hier niet in op de vraag precies welke interactionistische (sub)theorieën superieur zijn.

79. De aanwezigheid van bewustzijn bij dieren is waarschijnlijk op basis van het zogeheten analogiepostulaat. Zie: Rivas en Rivas, 1991, 32-40.

Literatuurlijst
- Ayer, A. J. *Filosofie in de twintigste eeuw* (vert.). Kok Agora, Kampen 1986.

- Beloff, J. 'Parapsychology and the mind-body problem'. *Inquiry*, 1987, 30, 215.
- Beloff, J. *The importance of psychical research*. London 1988.
- Bergson, H. *L'énergie spirituelle: Essais et conférences*. Presses Universitaires, Parijs 1944.
- Bierman, D.J., Dongen, H. van, & Gerding, J.L.F. *Parapsychologie en fysica*. SPR, Utrecht 1991.
- Bolzano, B. *Athanasia oder GrÜnde fÜr die Unsterblichkeit der Seele*. Minerva, Frankfurt am Main 1838/1970.
- Churchland, P. *A contemporary philosophy of mind*. MIT Press, Cambridge 1990
- Crane, T., & Mellor, D.H. 'There is no question of physicalism'. *Mind*, 1990, 99, 185-206.
- Dennett, D.C. *Consciousness explained*. Penguin Books, London 1991.
- Eccles, J.C. *The human psyche*. Springer, New York 1980.
- Elitzur, A.C. 'Consciousness and the incompleteness of the physical explanation of behavior'. *The Journal of Mind and Behavior*, 1989, 10, 9-10.
- Heymans, G. 'Over de verklaring der telepathische verschijnselen'. Mededelingen *der Studievereniging voor Psychical Research*. SPR, Utrecht 1925.
- Heymans, G. *Inleiding in de metaphysica op grondslag der ervaring* (Vert.). Wereldbibliotheek, Amsterdam 1933.

- Hodges, M., & Lachs, J. 'Meaning and the impotence hypothesis'. *Review of Metaphysics*, 1979, 32, 515-529.
- Huxley, Th. *Methods and results: Collected Essays*, Volume I. Macmillan, London 1898.
- Jackendoff, R. *Consciousness and the computational mind*. MIT Press, Cambridge 1987.
- Jackson, F. 'Epiphenomenal qualia'. *Philosophical Quarterly*, 1982, 32, 134.
- James, W. *The principles of psychology*, Volume 1, Chapter 5. The automaton theory. H. Holt, New York 1891.
- James, W. *Essays in psychical research*. Harvard University Press, Cambridge, Mss. 1986.
- Marres, R. *Filosofie van de geest: Een inleiding*. Coutinho, Muiderberg 1985.
- Nietzsche, F. *Die fröhliche Wissenschaft* (herdruk). Kröner, Stuttgart 1950.
- Plato. *Phaedo*, 36.
- Popper, K.R. en Eccles, J.C. *The self and its brain*. Routledge & Kegan Paul, Londen 1977.
- Penrose, R. Quantum physics and conscious thoughts, in: B. J. Hiley and F. D. Peat (Eds.). *Quantum implications: Essays in honour of David Bohm*. Methuen, New York 1987.
- Penrose, R. *The emperor's new mind: Concerning computers, minds, and the laws of physics*. Oxford University Press, New York 1989.

- Price, H.H. 'Some philosophical questions about telepathy and clairvoyance'. *Philosophy*, 1940, 15, 363-385.
- Radin, D., & Nelson, R. 'Evidence for consciousness-related anomalies in random physical systems'. *Foundations of Physics*, 1989, 1499-1541.
- Radin, D., & Nelson, R. 'Onverklaarbare relaties tussen het bewustzijn en toevalsprocessen'. *Tijdschrift voor Parapsychologie*, 1989.
- Ritter, J. *Historisches Wörterbuch der Philosophie*. Schwabe & Co, Basel 1972.
- Rivas, E., & Rivas, T. 'Bewustzijn bij dieren'. *Antropologische Verkenningen* , 1991, 10, 2, 32-40.
- Rivas, E., & Rivas, T. *Afstudeeronderzoek 'Bewustzijn bij dieren'*. Psychonomie, Theoretische Psychologie, Utrecht 1993.
- Rivas, T. 'Intrasomatische Parergie: Een overzicht van de directe invloed van geestelijke voorstellingen op de fysiologie van het eigen lichaam'. Tijdschrift *voor Parapsychologie*, 1990, 58, 10-11.
- Rivas, T. 'Bewustzijn: Een overzicht van vraagstukken'. *Berichten uit Psychopolis*, 1992, 7, 2, 27-33.
- Rooijen, J. van. 'The philosophical position of apllied ethology: A reply' (Letter to the Editor). *Applied Animal Behaviour Science*, 1985, 14, 379-383.

- Shaffer, J. 'Recent work on the mind-body problem'. *American Philosophical Quarterly*, 1965, 81-104..
- Shoemaker, S. 'Functionalism and qualia'. *Philosophical Studies*, 1975, 27, 291-315.
- Skinner, B.F. *Beyond freedom and dignity.* Knopf, New York 1971.
- Stevenson, I. *Children who remember previous lives: A question of reincarnation.* University Press of Virginia, Charlottesville 1987.
- Stokes, D.M. 'The case for dualism', ed. by J. Smythies & J. Beloff (Review). *The Journal of the American Society for Psychical Research*, 1991, 85, 388-393.
- Stokes, D.M. 'Mind, matter, and death: Cognitive neuroscience and the problem of survival'. *The Journal of the American Society for Psychical Research,* 1993, 87, 41-84.
- Vries, R. de 'Van wetenschapstheorie tot dierenleed: Wetenschapstheoretische opmerkingen over de plaats van het subjectieve in de natuur'. *Antropologische Verkenningen*, 1991, 10, 2, 75-76.
- Watkins, M. 'The knowledge argument against the knowledge argument'. *Analysis*, 1989, 49, 158-160.

English Abstract
This article examines the background, implications and merit of the position of epiphenomenalism. Most

175

of all, the authors systematically present an analytical argument against epiphenomenalism, the argument of the justification of the assertion of the existence of consciousness. It is shown that whereas epiphenomenalists claim to know that consciousness exists, they implicitly deny the possibility of knowing consciousness, since (according to their position) consciousness cannot have any influence on our knowledge. Similarly, the authors examine and reject the positions of parallellism and identity theory. Parallellism implicitly states it knows of the existence of an unknowable physical world. Materialist identity theory implicitly claims to possess objective knowledge of a causally powerless subjective, 'non-objective' side to certain processes in the brain. Consequences are mentioned for philosophy and empirical science.

Dit is een geactualiseerde versie van een Spaanstalig artikel, Exit Epifenomenalismo, gepubliceerd in de Revista de Filosofia uit 2001, en de Engelstalige vertaling daarvan, Exit Epiphenomenalism, gepubliceerd in de Journal of Non-Locality and Remote Mental Interactions uit 2003.

Een ingekorte versie van dit artikel is in 2009 verschenen in het tijdschrift *Gamma*, *16*, 1, 12-36, van de Stichting Teilhard de Chardin.

De Engelstalige versie wordt onder meer genoemd in werk van de Amerikaanse fysicus Henry Stapp.

Het artikel in Gamma leidde tot discussie met Gerrit Teule, namelijk:
- Gerrit Teule: Enig commentaar op het artikel 'Exit epifenomenalisme: het einde van een vluchtheuvel' in GAMMA jrg.16 nr.1, mrt 2009 (Gamma jrg. 16, nr. 2, juni 2009, blz. 4-8).
- Titus Rivas: Ingezonden brief in Gamma, jrg. 16, nr. 3, september 2009, blz. 57-58.
- Gerrit Teule: Antwoord aan Titus Rivas, in Gamma, jrg. 16, nr. 3, september 2009, blz. 58-62.

Machteloos bewustzijn? Subjectieve ervaringen als eindproduct van de hersenen

Bewustzijn is 'in', kijk alleen al naar de bestseller *Eindeloos Bewustzijn* van Pim van Lommel. Ook de analytische filosofie, die veel waarde hecht aan rationeel denken, negeert bewustzijn niet langer. Er bestaan nog steeds echte materialisten die het zoveel mogelijk uit hun wereldbeeld schrappen. Maar velen zien tegenwoordig in dat dit neerkomt op het ontkennen van de eigen beleving. Toch zijn we er daarmee nog niet.

Bewustzijn als bijverschijnsel

In een groot deel van de oosterse filosofie staat de bewuste geest van oudsher centraal. De werkelijkheid wordt bijvoorbeeld vaak opgevat als uiting of manifestatie van het bewustzijn. In de westerse analytische filosofie overheerst momenteel een totaal andere visie. Vooral als we het hebben over bewustzijn in de betekenis van 'subjectieve ervaringen', wordt de rol daarvan geminimaliseerd. Subjectieve ervaringen zoals gevoelens, gedachten, verlangens en waarnemingen worden doorgaans niet meer ontkend. Maar volgens menig westerse denker *doen* die ervaringen er als zodanig niet toe. Wat je voelt, overweegt, wilt of waarneemt zet naar hun mening niets in gang. Het gaat steeds uitsluitend om eindproducten van hersenprocessen. Om een bijverschijnsel oftewel 'epifenomeen', waardoor aanhangers hiervan ook wel 'epifenomenalisten' heten.

Wat moet je je daarbij voorstellen? Bijvoorbeeld dat het voor je handelen niets uitmaakt wat je voor iets of iemand *voelt*. Die gevoelens zijn namelijk alleen maar het gevolg van allerlei kille computerachtige rekenprocessen in je brein. Ze doen zelf (als bewuste gevoelens) niet mee als causale factor. Je gedrag komt volgens deze stroming dus rechtstreeks en uitsluitend voort uit je hersenprocessen. Maakt dat dan zoveel uit? Jazeker, want het betekent dat alles wat we doen als het ware buiten ons om gaat. We hebben nergens invloed op en *ondergaan* ons leven slechts. Bovendien zou alles wat we denken of verlangen voortkomen uit de zinloze verwerking van materiële prikkels. Alles wat van waarde lijkt te zijn, zou uiteindelijk bepaald worden door wat er fysiek gebeurt in je hoofd. Dit levert dus een uiterst negatief mensbeeld op. We zouden de gevangenen zijn van ons eigen brein en als geestelijke wezens nooit iets teweegbrengen. Bovendien zou de *hele* werkelijkheid zo zinloos in elkaar zitten.

Redenen voor deze deprimerende visie

De rol van het bewustzijn wordt ongetwijfeld beperkt door dingen die we niet in de hand hebben. Met name door de invloed van onbewuste psychologische motieven, maar ook door de toestand van onze hersenen. Maar waarom zou iemand nou willen verkondigen dat het bewustzijn *volledig* machteloos is? Toch niet vanwege de gevolgen voor het mensbeeld, want die zijn zoals gezegd uiterst negatief. Dat zou een zwartgallige masochist misschien nog aanspreken, maar masochisten zijn niet zo vaak bezig met filosofische publicaties.

Er zitten volgens mij vooral drie andere redenen achter. Binnen de natuurwetenschap hangen veel onderzoekers nog steeds de notie van een 'gesloten universum' aan. Dit betekent dat alles wat er in de fysieke werkelijkheid gebeurt het gevolg moet zijn van processen binnen die werkelijkheid zelf. Het zou voorts ook nog *onvoorstelbaar* zijn als bewustzijn werkelijk dingen in gang zou zetten. Het bewustzijn hoort namelijk als zodanig niet bij de fysieke dingen. Het kan de materiële werkelijkheid dus ook niet op de 'normale', fysieke manier beïnvloeden.

Tot slot zou er geen enkele vorm van bewijsmateriaal bestaan voor de invloed van bewustzijn. Wat we waarnemen in de externe realiteit zou daarom waarschijnlijk ook echt uitsluitend berusten op fysieke processen.

Hoe sterk staan deze argumenten nu eigenlijk? Is het werkelijk zo aannemelijk dat we er als bewuste wezens helemaal niet toe doen?

Gesloten wereld of gesloten wereldbeeld?

Het argument dat we in een gesloten fysiek heelal zouden leven komt in feite neer op een cirkelredenering. Als het waar is, dan kunnen subjectieve ervaringen geen verschil maken voor de 'objectieve' werkelijkheid. Maar er blijkt gelukkig geen goede reden te bestaan om van dit wereldbeeld uit te gaan. Aanhangers wijzen bijvoorbeeld vaak op principes als het behoud van de energie binnen de natuur. Ze kijken echter alleen naar natuurlijke processen die zonder invloed van bewustzijn verlopen. Inwerkingen van het bewustzijn zouden dus juist het beeld van een gesloten fysieke wereld kunnen weerleggen.

Zoiets geldt ook voor het argument dat de causale invloed van bewustzijn 'onvoorstelbaar' zou zijn. Subjectieve ervaringen zijn inderdaad wezenlijk anders dan fysieke dingen. De impact van zulke ervaringen zou daarom volgens tegenstanders neerkomen op een vorm van 'magie'. Kennelijk is het volgens hen niet onvoorstelbaar dat we allerlei bewuste ervaringen krijgen door wat er in ons brein gebeurt. Daar gaan aanhangers namelijk per definitie van uit. Terwijl zoiets minstens zo 'magisch' aandoet, als je erbij stilstaat. Het zou daarom zelfs heel vreemd zijn als de materie wél invloed op het bewustzijn uitoefent maar nooit andersom.

Je kunt dit eigenlijk alleen over het hoofd zien, als je wereldbeeld gesloten is. Zodat je niet meer openstaat voor tegenargumenten.

Bewustzijn is geen epifenomeen

Goed, twee argumenten zijn dus al ontkracht. Zullen we nu dan maar kijken naar het bewijsmateriaal voor de invloed van bewustzijn? Nee, nog even niet. Je kunt namelijk zuiver op basis van logisch redeneren al inzien waarom de machteloosheidsgedachte niet deugt. En wel op de volgende manier. Blijkbaar *weten* we dat we subjectieve ervaringen ondergaan. Als dat niet zo was, dan zouden we het helemaal niet over ons eigen bewustzijn kunnen hebben. Dit gegeven is belangrijker dan je misschien zou denken. Want hoe zouden we nu weet kunnen hebben van ons eigen bewustzijn als dat bewustzijn werkelijk niets teweegbracht? De bekende Australische filosoof David Chalmers heeft dit argument nog proberen te pareren. Het is volgens hem inderdaad waar dat we weten dat we bewuste ervaringen hebben. Dat komt volgens Chalmers echter niet doordat die ervaringen zelf iets zouden veroorzaken. In plaats daarvan zouden we ze gewoon kennen door ons innerlijk leven zelf. Je zou misschien denken dat hij daarmee de machteloosheidstheorie heeft gered. Toch gaat die vlieger niet op. Het is op zich correct dat we direct bekend zijn met onze ervaringen doordat we ze ondergaan. Maar we kunnen pas gaan *denken* over die ervaringen als ze een invloed uitoefenen op ons geheugen. Aan de hand van die causale impact kunnen we vervolgens een abstract concept als bewustzijn vormen. Zo'n concept is nodig om over bewustzijn te kunnen denken, praten en schrijven.

Als het bewustzijn niets uitricht in de werkelijkheid zouden we het wel ondergaan maar er geen concept van kunnen vormen. En dan zou de notie dat het bewustzijn slechts een epifenomeen is niet eens ontstaan kunnen zijn.

Met andere woorden, zodra je het over bewustzijn hebt, kun je twee kanten op. Of je erkent dat er bewuste ervaringen bestaan, maar dan moet je ook erkennen dat die causaal van belang zijn. Of je ontkent botweg dat er bewustzijn is. Helaas kiezen sommige denkers voor dat laatste. Dat wil zeggen dat ze toch weer terugkeren naar een absoluut materialisme.

Aanwijzingen voor de kracht van bewustzijn
Iemand die rotsvast overtuigd is van de machteloosheid van bewustzijn zal niet openstaan voor bewijsmateriaal. Toch is dat er volop. Denk aan de positieve resultaten van experimentele

183

onderzoeken naar psychokinese. De uitkomsten van zulke proeven zijn niet weg te verklaren, ook al probeert men dat uiteraard wel. Bovendien zijn er aanwijzingen voor een vérgaande bewuste beïnvloeding van het eigen lichaam. .

Ook binnen de psychologie wordt de rol van bewustzijn schoorvoetend meer erkend. Mario Beauregard maakte bijvoorbeeld aannemelijk dat het bewustzijn invloed heeft op allerlei psychologische en neurologische processen.

Zelfs onder fysici is er aandacht voor een mogelijke rol van het bewustzijn. Binnen de kwantummechanica zijn er stromingen die stellen dat de fysieke wereld afhankelijk is van bewuste observatie.

De rol van bewustzijn als spirituele graadmeter

De ontkenning dat subjectieve ervaringen er toe doen voor de werkelijkheid, wordt nogal eens verward met reductionisme. Dat is onterecht, maar de gedachte zit er in elk geval nog steeds te dicht tegenaan.

Een machteloos bewustzijn impliceert een zinloos leven en is onverenigbaar met een spirituele houding. Concepten als een scheppende instantie die met zijn bewustzijn de wereld heeft gecreëerd zijn er bijvoorbeeld absoluut niet mee te rijmen.

Ooit zullen de ontkenning van bewustzijn en van zijn impact vooral als historische curiositeiten worden gezien. Laten we ook in dit opzicht hopen op een 'bewustzijnsrevolutie'.

Literatuur

– Beauregard M. (2007). Mind does really matter: Evidence from neuroimaging studies of emotional self-regulation, psychotherapy, and placebo effect. *Progress in Neurobiology*, 81: 218-236.
– Bergson, H. (1944). *L'énergie spirituelle: Essais et conférences.* Presses Universitaires, Parijs.
– Chalmers, D.J. (1996). *The Conscious Mind: In Search of a Fundamental Theory.* New York & Oxford: Oxford University Press.
– Jackendoff, R. (1987). *Consciousness and the computational mind.* MIT Press, Cambridge 1987.
– Lommel, P. (2007). *Eindeloos bewustzijn.* Baarn: Ten Have.
– Rivas, T. (2004). Filosofische kritiek op het computermodel voor de geest. *Terugkeer, 15,* 4, 22-25.
– Rivas, T., & Dongen, H.v. (2003). Exit Epiphenomenalism. *Journal of Non-Locality and Remote Mental Interactions, vol II,* 1 (online artikel).

Dit artikel werd gepubliceerd in *KD*, jaargang 25, nr. 254, juli/augustus 2008, blz. 14.

Waarom er een psychisch geheugen moet bestaan

In dit essay wil ik zuiver analytisch, d.w.z. zonder empirisch materiaal te gebruiken, bewijzen dat er een geestelijk geheugen moet bestaan dat op geen enkele wijze gerepresenteerd is in de hersenen. Dit onderwerp is van belang voor het onsterfelijkheidsonderzoek, zonder geheugen kan een overledene immers nooit haar identiteit aantonen en zonder geheugen kan men zich evenmin een vorig leven herinneren. Denkers als Henri Bergson en Alan Gauld (1982) hebben zich reeds voor mij in parapsychologische context met het thema bezig gehouden. Ik zal hier echter niet naar hun werk verwijzen, omdat de door mij gepresenteerde argumentatie voor zover ik weet op zichzelf staat.

I. De theorie van een hersengeheugen
Ik beschouw het als evident dat subjectieve ervaringen (m.a.w. "bewustzijn") fundamenteel verschillend zijn van alle denkbare hersenprocessen. Al deze ervaringen zijn ten eerste de ervaring van een ervarend subject of "ik". Daarnaast hebben ze nog andere kenmerken die allemaal ontbreken binnen de materiële, "formele" (d.w.z. zuiver mathematisch of kwantitatief, uit te drukken in getallen) wereld, zoals zintuiglijke en emotionele kwaliteiten, etc. Elke

186

materialistische theorie van de geest is daarom bij voorbaat gedoemd de plank mis te slaan. Er is geen goede materialistische theorie van de bewuste, subjectieve geest denkbaar, maar slechts een blinde materialistische ontkenning ervan. Nu kan men twee kanten op. Of men kiest voor een wereldbeeld zonder uitgebreide materie, d.w.z. voor een idealistisch wereldbeeld. Ofwel men handhaaft de gepostuleerde objectiviteit van de materiële wereld, maar accepteert daarnaast aparte werelden van persoonlijke geesten. Deze positie wordt dualisme genoemd, naar de twee realiteiten die zij vanuit de probleemstelling van de relatie tussen één lichaam en één geest postuleert. Ik kies voor de dualistische positie, omdat ik intuïtief niet kan geloven dat de materiële wereld slechts "all in the mind" is. Deze metafysische situering is hier echter geen doel op zich, maar een uitgangspunt voor mijn betoog over het geheugen. Als men nu het bestaan van een niet-materiële (want subjectieve) geest heeft erkend, wil dit nog niet zeggen dat men ook het geheugen "buiten" de hersenen lokaliseert. Ook binnen dualistische theorieën wordt het geheugen geregeld juist buiten de geest geplaatst. Zo zou volgens dit soort theorieën de geest niet alleen de hersenen "lezen" voor het verkrijgen van zintuiglijke impressies, maar tevens voor het herinneren van geheugenpatronen. De herinneringen zouden op een of andere manier in de hersenen opgeslagen liggen en aldus "embodied" zijn in hersenpatronen. Het gaat er hierbij niet om hoe de herinneringen precies in de hersenen gerepresenteerd zouden zijn, maar enkel dat zij daarin gerepresenteerd zijn.

Gevolgen van de "cerebraal geheugen"-theorie

Alvorens het idee van een hersengeheugen te bekritiseren, wil ik eerst stilstaan bij twee logische gevolgen ervan.

1. Het ontbreken van een geestelijk geheugen, levert noodzakelijkerwijs een volledig fysisch gestuurd geestelijk functioneren op, en wel om de volgende reden. De geest kan zijn motieven om wat dan ook te doen alleen nog putten uit de hersenen, bij zichzelf heeft hij zo te zeggen niets te zoeken. Dat betekent dat hij niet kan kiezen uit de te "lezen" patronen in de hersenen, want om te kunnen kiezen zou hij zich juist al mogelijke motieven daartoe moeten kunnen herinneren. De geest leest dan dus niet wat hij heeft gekozen, maar enkel wat de hersenen hem aanbieden, d.w.z. die patronen die door fysiologische oorzaken het meest geactiveerd zijn. Een zuiver somatopsychisch herinneringsproces is dus een logisch gevolg van een cerebraal i.p.v. psychisch* geheugen.

2. Een volledig "embodied" geheugen is onverenigbaar met de theorie dat een geheugen de dood zou kunnen overleven.

II. Het psychisch geheugen

II. 1. Geheugen en perceptie

Als eerste stap in het bekritiseren van de
hersengeheugen-theorie, wil ik nader bekijken hoe
men de hersenrepresentaties van het geheugen
fundamenteel voorstelt. Dit blijkt niet principieel
verschillend van de perceptuele representaties die men
psychisch zou "lezen" bij het "zien", "horen", "ruiken"
etc. Beide soorten representaties zijn formeel en te
simuleren door een computer. Zij worden ook allebei
evenzeer door formele eigenschappen van de fysieke
wereld veroorzaakt. Andere dan formele
eigenschappen, zoals "kleur", "smaak", "gevoel", e.d.
hebben de geheugenrepresentaties niet, omdat die nu
eenmaal niet in een materieel medium als de hersenen
(of computers) te realiseren zijn. De niet-formele
eigenschappen zijn dan ook geen eigenschappen van
de representaties, maar alleen van de subjectieve
herinneringen die ze veroorzaken, wanneer ze
psychisch worden "gelezen".

Probleem t.a.v. het semantisch geheugen

Nu dient zich het volgende probleem aan. De
(dualistische) cerebraal geheugen-theorie erkent het
bestaan van subjectieve ervaringen en hun niet-
formele eigenschappen. Zij hanteert het concept

"subjectieve ervaring" ook actief, nl. wanneer ze het heeft over het eindresultaat van het geheugenproces. "Subjectieve ervaring" is dus een concept dat onderdeel uitmaakt van het semantisch geheugen, waarvan men in zijn betoog gebruik maakt. Met andere woorden: Als het semantisch geheugen in de hersenen gelokaliseerd is, dan bevindt zich ook het concept subjectieve ervaring in de hersenen. Zoals alle concepten volgens deze theorie, is het concept daarmee volstrekt formeel. Voordat de lezer nu meent dat ik denk dat het concept subjectieve ervaring zelf subjectief is, wijs ik haar er al meteen op dat dit niet mijn bedoeling is. Er bestaan inderdaad "subjectieve" concepten, maar dit houdt slechts in dat de concepten op het moment zelf subjectief beleefd worden, oftewel deel uitmaken van het bewustzijn. Elk ("beleefbaar") concept kan in die zin (in principe) bewust gemaakt worden. Dit is dus geen privilege van het concept "subjectieve ervaring". Nee, waar het mij om gaat is dit. Volgens de cerebrale geheugentheorie is elke geheugenrepresentatie zoals gezegd formeel van aard, aangezien het zich bevindt in een materieel medium. Nu is dit in principe voorstelbaar voor representaties van al die zaken die zelf ook formeel zijn, omdat ze eveneens deel uitmaken van de materiële wereld. Het gaat dus op voor alle perceptuele patronen die fysisch ontstaan zijn, nl. door stimulatie van het zenuwstelsel, alsmede voor concepten die abstracties vormen van zulke formele patronen. "Subjectieve ervaring" is echter een abstractie t.a.v. subjectieve ervaringen; het geeft een categorie aan binnen de werkelijkheid, die niet formeel is, maar betrokken is op een subject. De subjectieve ervaring is niet-formeel van aard en behoort ook niet tot de materiële wereld. Het is daarmee ondenkbaar dat men een formele representatie van de categorie subjectieve ervaring zou kunnen aantreffen in de hersenen, omdat een uitputtende, formele representatie daarvan principieel onmogelijk is!

Twee hypothetische bezwaren
Ik kan mij zelf twee bezwaren voorstellen die men tegen mijn bovenstaande analyse zou kunnen inbrengen.

1. Een formele representatie van de abstractie subjectieve ervaring is inderdaad ondenkbaar, maar het is ook niet noodzakelijk dat er zo'n uitputtende representatie in de hersenen bestaat. Het is voldoende als er een cerebraal substraat bestaat dat, indien "gelezen" door de geest, het concept subjectieve ervaring oplevert. Het probleem met dit bezwaar is het volgende. In het algemeen moet men veronderstellen dat er tussen het geponeerde hersengeheugen en de bewuste herinneringen steeds specifieke – 1:1 – relaties bestaan. Elk geheugenspoor levert dus zijn

eigen specifieke herinnering op. Dit betekent dat er steeds iets bepaalds in het geheugenspoor moet zijn wat de specifieke inhoud van de herinnering bepaalt. Wil men dus precies het concept "subjectieve ervaring" hebben en geen ander concept, dan moet dat noodzakelijkerwijs toch uitputtend aangegeven zijn in het hersenpatroon. Er kan b.v. geen ruimte zijn voor een onafhankelijke "interpretatie" of "reconstructie" van de geest, want elke geestelijke interpretatie vooronderstelt een geestelijk geheugen, wat nou juist ontbreekt volgens de bekritiseerde theorie.

2. De representatie bestaat eenvoudig uit een formele representatie met daarbij een formele aanduiding voor "negatie", om aan te geven dat het niet gaat om een formele representatie.
Ook dit hypothetische bezwaar is niet steekhoudend. Het gaat bij het concept "subjectieve ervaring" als het bewust wordt herinnerd, niet om een negatief, maar om een positief concept. "Subjectieve ervaring" heeft niet slechts als inhoud: een "niet-formele" entiteit, maar: de ervaring van een subject. Het concept ervaring van een subject berust op ieders eigen subjectieve ervaringen, en is daar de abstractie van, en niet op een zuiver theoretisch voorgestelde, nimmer ervaren, niet-formele werkelijkheid.

Implicaties

Eerste implicatie: De semantische hersenblindheid voor bewustzijn

Het brein bevat geen enkele representatie van het concept subjectieve ervaring, aangezien dit concept niet formeel te representeren is. In feite betekent dit dat de hersenen a.h.w. "blind" zijn voor het bestaan van bewustzijn. In alle "computationele" processen die het mogelijk voltrekt moet het concept "bewustzijn" dus logischerwijs ontbreken.

Tweede implicatie: Het bestaan van een psychisch semantisch geheugen

Alle concepten die inhoudelijk gerelateerd zijn aan het concept subjectieve ervaring, inclusief dit concept zelf, bestaan alleen in een niet-formeel psychisch semantisch geheugen.

Derde implicatie: Intrapsychische metasubjectieve cognitie

Welke rol de hersenen interactief ook spelen in cognitie m.b.t. subjectieve ervaring, in het vervolg aangeduid als meta-subjectieve cognitie, dit type cognitie kan nooit door de hersenen worden gestuurd, vanwege de -in de eerste implicatie- genoemde hersenblindheid voor bewustzijn. In die zin moet men dus spreken van intrapsychische cognitie. Het blijft wel voorstelbaar dat hersenprocessen metasubjectieve cognitie interactief verstoren, b.v. in het geval van organische amnesie.

Vierde implicatie: De denkbaarheid van het overleven van het metasubjectieve semantische geheugen na de hersendood

Nu het metasubjectieve semantisch geheugen slechts in de psyche blijkt te bestaan, is de vernietiging ervan geen logisch gevolg meer van de lichamelijke dood.

II. 2. Het episodisch geheugen
Nadat we reeds de zekerheid van een semantisch psychisch geheugen hebben vastgesteld, volgt de vraag: Hoe zit het met het episodisch geheugen? Vanzelfsprekend is ook hier het uitgangspunt de subjectieve ervaring, maar dan niet als concept, maar als losse ervaringen. Men kan in ieder geval uit het bestaan van een semantisch psychisch geheugen afleiden dat er ook een episodisch psychisch geheugen m.b.t. subjectieve ervaringen moet bestaan. Misschien dat er een directere manier mogelijk is, maar die is mij in dat geval niet opgevallen. De afleiding is als volgt. Het niet-formele concept subjectieve ervaring is

194

geabstraheerd uit afzonderlijke subjectieve ervaringen. Het meervoud "ervaringen" geeft al aan dat niet gebeurd kan zijn terwijl de ervaringen allemaal nog bewust waren, omdat er natuurlijk op één moment ook maar één bewustzijnsinhoud (hoe rijk ook) kan zijn. De abstractie moet dus geschied zijn met gebruikmaking van een episodisch geheugen m.b.t. de losse ervaringen. Nu is een representatie van een subjectieve ervaring als subjectieve ervaring natuurlijk evenmin formeel realiseerbaar als het concept subjectieve ervaring. Met andere woorden: Het bestaan van metasubjectieve concepten vooronderstelt het bestaan van metasubjectieve episodische geheugenindrukken. Daarmee is, tamelijk eenvoudig, ook het logisch noodzakelijke bestaan van een episodisch psychisch geheugen bewezen.

Implicaties

Eerste implicatie: Ook het bestaan van metasubjectieve mentale processen t.a.v. het episodisch geheugen is slechts intrapsychisch voorstelbaar. Toelichting is overbodig.

Tweede implicatie: Ook het overleven (na de hersendood) van het episodsich psychisch geheugen blijkt daarmee denkbaar. Idem.

III. Over de psychische aard van het metasubjectieve geheugen

De lezer kan zich afvragen of met het vaststellen van de immaterialiteit en non-formaliteit van het metasubjectieve, ook automatisch bewezen is dat het zich "in" de geest bevindt. Het antwoord op deze vraagstelling luidt niet dat het het zuinigst is om het bij twee typen domeinen van de werkelijkheid (materie en persoonlijke geest) te houden, i.p.v. een nieuw type domein te postuleren. Het is inderdaad het zuinigste om zo te werk te gaan, maar er is een dwingender reden om het metasubjectieve bij het geestelijke (type) domein onder te brengen. Het reeds bekende uitingsgebied van dit domein is nl. het bewustzijn, dat betrokken is op een subject. De formele materie is blind voor het subjectieve leven zoals we al hadden gezien. Alleen een subject kan in feite weten wat met bewustzijn wordt bedoeld, net zoals alleen een ziende kan weten wat het is om te kunnen zien. Dit geeft aan dat de metasubjectieve cognitie niet alleen inhoudelijk maar ook logisch betrokken is op een subject, dat de enige is die er mee kan werken. Tegelijkertijd bevindt een niet-bewuste geheugenimpressie zich per definitie niet in de bewuste geest. Daarom moet er een "onbewuste" gesteldheid van de persoonlijke geest bestaan die men dispositioneel kan noemen, d.w.z. zelf niet bewust, maar de mogelijkheid scheppend tot specifieke

bewuste ervaringen en processen. We moeten ons niet laten leiden door de hier achterhaalde denktrant van hersengerichte theorieën over het geheugen.
Misschien dat men voor de voorstelling van een werkelijk psychisch, subject-betrokken geheugen bv. te raden kan gaan bij de filosoof en parapsycholoog Osterreich. Hierover waarschijnlijk een andere keer meer. Ook over de relatie psychisch geheugen en cerebrale "wiring" valt nog veel te zeggen. Als de relatie tussen herinnering en hersenen niet op die manier in elkaar zit als men haar meestal conceptualiseert, dan wordt de vraag: Hoe ligt die relatie dan wel?

Referenties

– Bergson, H. Matière et mémoire. Parijs.
– Gauld, A. (1982). Mediumship and survival: A century of investigations. London: Paladin.

Dit essay werd reeds eind jaren 1990 geschreven en later op txtxs.nl gezet.

Metasubjectieve cognitie en de hersenen: subjectieve ervaringen en de locatie van concepten met betrekking tot het bewustzijn

Samenvatting

Fenomenaal bewustzijn bezit onreduceerbare kwalitatieve en subjectieve aspecten die niet kunnen worden weergegeven in een fysiek, zuiver kwantitatief systeem. Dit betekent dat een uitputtende conceptuele "metasubjectieve representatie" (een weergave van de bepalende eigenschappen van bewuste ervaringen) in de hersenen als volledig fysiek systeem onmogelijk is.

Afzonderlijke herinneringen aan bewuste ervaringen moeten zo ook informatie over de kwalitatieve en subjectieve aspecten van die ervaringen bevatten, aangezien concepten met betrekking tot het bewustzijn uiteindelijk afgeleid moeten zijn van zulke informatie die aan episodische herinneringen is ontleend. Om die reden moeten de opgeslagen bestanddelen, aan de hand waarvan zulke afzonderlijke herinneringen worden gereconstrueerd vanuit het geheugen, eveneens elementen bevatten die niet gerepresenteerd kunnen worden in de hersenen. Zowel metasubjectieve concepten als de bestanddelen van onze afzonderlijke herinneringen aan subjectieve ervaringen kunnen daarom alleen opgeslagen zijn in een persoonlijk, onstoffelijk geheugen dat gekoppeld is aan het bewustzijn. Er moet een persoonlijke geest of ziel zijn die het bewustzijn, de metasubjectieve concepten en de basisonderdelen van episodische herinneringen aan subjectieve ervaringen omvat.

Dankbetuiging
Ik ben de volgende mensen erkentelijk voor hun opbouwende kritiek, steun of inspiratie: Anny Dirven, Jamuna Prasad, B. Shamsukha, Kirti Swaroop Rawat, Hein van Dongen, Marcel Engeringh, René van Delft, Arnold Ziegelaar, John Gregg, Lian Sidorov, Esteban Rivas, Karl Pribram, Ian Stevenson en Ashtad Bin Sayyif.

1. Inleiding
Bewuste fenomenale ervaringen worden vaak aangeduid met de term *qualia*, omdat ze onreduceerbaar kwalititatief en subjectief (oftewel "fenomenaal") zijn (Beloff, 1962; Popper & Eccles, 1977; Rivas, 2003a). Dit is van belang voor de status van het bewustzijn binnen de filosofie van de geest. In een universum dat volkomen fysiek zou zijn, zou het bewustzijn alleen kunnen bestaan als onze definitie van het fysieke ook kwalitatieve en subjectieve dimensies zou omvatten. Dit vormt een groot probleem, aangezien "fysiek zijn" normaliter wordt

199

opgevat als "niet-kwalitatief en niet-subjectief zijn". In feite gaat deze klassieke definitie van het fysieke (oftewel het materiële, de materie) terug tot de begrippen primaire en secundaire eigenschappen, ontleend aan de leringen van de Griekse atomisten zoals Demokritus en Leucippus en verder ontwikkeld door de moderne denkers Galileo, Descartes, Boyle en Locke (1961). Bepaalde zogenoemde primaire, volledig in kwantiteiten uit te drukken eigenschappen van de fysieke wereld zoals grootte, vorm, aantal en momentum vormen een inherent onderdeel van die wereld, en andere zogenoemde secundaire eigenschappen zoals roodheid of zoetheid zijn niet herleidbaar tot wiskundige aspecten, maar bestaan alleen in onze subjectieve waarneming ervan.

De voornaamste reden waarom men dit basale onderscheid maakt, bestaat erin dat de zogeheten fenomenale oftewel subjectieve, kwalitatieve manier waarop men fysieke objecten waarneemt, geen inherente fysieke eigenschap van die voorwerpen zelf kan zijn.

Iemand die van zijn geboorte af blind is geweest en iemand die over een normaal gezichtsvermogen beschikt kunnen bijvoorbeeld allebei toegang hebben tot dezelfde kwantitatieve informatie van een camera, maar hun opvatting van hetgeen er subjectief visueel waargenomen kan worden is totaal verschillend. Een voorwerp zien in subjectieve zin behelst dus meer dan fysieke visuele informatie over dat voorwerp hebben (Nagel, 1979; Jackendoff, 1987). Er bestaat een onreduceerbare bewuste visuele modus die ons in staat stelt subjectieve visuele ervaringen te ondergaan, bijvoorbeeld van hoe de ruimtelijke dimensies en kleur van een object eruit zien voor een bewust subject. Deze ervaringen maken geen onderdeel van de eigenschappen van het object maar uitsluitend van ons bewuste zien.

Niet alle filosofen aanvaarden de validiteit van het onderscheid tussen primaire en secundaire eigenschappen. Berkeley (1998) stelde bijvoorbeeld dat alle waargenomen eigenschappen uitsluitend in de geest zelf thuishoren. Ook al lijkt deze visie misschien niet erg plausibel, een idealistische ontologie is volgens mij niet bij voorbaat onhoudbaar (Rivas, 2003a). Zij is echter wel onverenigbaar met het postuleren van een werkelijk bestaande fysieke werkelijkheid die onafhankelijk is van onze waarneming ervan, en dit is een van de basisaannames van dit artikel.

Er zijn overigens ook geleerden die denken dat er geen reden is om een onderscheid te maken tussen schijn en werkelijkheid. Alles wat we waarnemen zou volgens hen dus echt bestaan in de buitenwereld. Deze opvatting maakt het echter onmogelijk om een onderscheid te maken tussen illusies of hallucinaties aan de ene kant en realistische indrukken van de fysieke wereld aan de andere kant.

Hoe dan ook neemt men bijna algemeen aan dat onze alledaagse subjectieve waarneming van de fysieke wereld wordt voortgebracht op basis van niet-subjectieve neurologische verwerking van fysieke stimuli. Met andere woorden, we nemen de fysieke buitenwereld niet rechtstreeks of onmiddellijk waar, maar we ondergaan het eindresultaat van neurologische perceptuele verwerking bewust, en die verwerking maakt op haar beurt gebruik van de wiskundige eigenschappen van fysieke patronen die de hersenen binnenkomen via onze zintuigen en zenuwbanen. Zelfs wanneer de fysieke wereld niet-wiskundige eigenschappen zou bezitten, dan zouden we bij normale waarneming nog steeds niet in staat zijn om die eigenschappen direct waar te nemen, omdat onze zintuiglijke waarneming altijd gemedieerd wordt door het zenuwstelsel.

Dit heeft belangrijke gevolgen voor ons begrip van de materie (de stof waar de fysieke wereld uit opgebouwd zou zijn) en het bewustzijn. Het heeft geleid tot de drie voornaamste fundamentele posities binnen de analytische filosofie van de geest:

- ➤ "Zowel de fysieke wereld als het domein van het bewustzijn bestaan werkelijk en kunnen niet tot elkaar herleid worden", oftewel dualisme. (In dit opzicht mogen bepaalde vormen van emergentisme en theorieën als die van **Teilhard de Chardin** eveneens als vormen van dualisme worden beschouwd, zelfs als ze in ultieme zin monistisch zijn.)
- ➤ "Alleen de fysieke wereld bestaat zonder herleid te kunnen worden tot iets anders" oftewel materialisme.
- ➤ "Alleen bewustzijn bestaat zonder herleid te kunnen worden tot iets anders", oftewel idealisme.

2. De realiteit van het bewustzijn
Sommige geleerden, zoals Daniel Dennett (1995) stellen dat wat we aanduiden met de term bewustzijn in werkelijkheid slechts een abstractie is die verwijst naar complexe neurologische informatieverwerking in ons brein. Met andere woorden, er zouden geen onreduceerbare subjectieve ervaringen bestaan. Andere geleerden (Rosenthal, 1994) beweren dat bewustzijn niets meer is dan de manier waarop we de hersenprocessen van binnenuit beleven. De hersenen als een "objectief" fysiek systeem hebben geen kwalitatieve, subjectieve dimensies, zodat de

kwalitatieve, subjectieve ervaringen die we vanuit ons "eerste-persoonsperspectief" ondergaan slechts schijnbaar objectief bestaan.

Anders geformuleerd: al deze theoretische denkers stellen dat het bewustzijn in de betekenis van subjectieve ervaringen niet "echt bestaat": het bestaat op zijn best als een soort illusie of zelfs dat niet eens. Het vormt in elk geval geen onderdeel van de 'objectieve' werkelijkheid van hoe zaken echt zijn in plaats van hoe ze slechts lijken te zijn.

Veel geleerden zullen niet meegaan in de "wetenschappelijke" reductie van hun persoonlijke bewustzijn tot iets wat per saldo niet-bewust oftewel slechts illusoir zou zijn. Dit verklaart de aantrekkingskracht van een theorie die de realiteit van het bewustzijn als meer dan een illusie onderkent, ook al stelt zij dat het bewustzijn geen causale invloed uitoefent op de werkelijkheid (Jackendoff, 1987; Chalmers, 1996, 2002), een positie die doorgaans wordt aangeduid als epifenomenalisme. Deze positie is echter op een onontkoombare manier in tegenspraak met zichzelf. Als bewuste ervaringen geen causale invloed uitoefenen op het geheugen, kunnen we nooit een concept van het bewustzijn hebben gevormd op basis van die bewuste ervaringen (Rivas & Van Dongen, 2001, 2003, 2009; Rivas, 2003b). Met andere woorden, we zouden geen enkele geldige reden meer hebben om te geloven dat we bewuste wezens zijn, terwijl die notie tegelijkertijd een voorwaarde vormt om het epifenomenalisme zelf te formuleren. Wanneer we de realiteit van het bewustzijn dus willen onderkennen, moeten we ook accepteren dat onze bewuste ervaringen een daadwerkelijke impact hebben op de werkelijkheid. Dit is overigens ook een belangrijk argument tegen de theorie dat bewustzijn slechts een illusie is – een theorie die bekend staat als identiteitstheorie van hersenen en bewustzijn –, omdat subjectieve ervaringen volgens die theorie (als illusie) geen onderdeel zouden uitmaken van de (eigenlijke, niet-illusoire) werkelijkheid en daarom niet in staat zouden zijn een daadwerkelijke invloed uit te oefenen (Rivas & Van Dongen, 2009).

Samengevat denk ik dat we, wanneer we willen uitgaan van het principe van innerlijke coherentie, alleen kunnen kiezen tussen een volledige aanvaarding van de realiteit van subjectieve ervaringen en hun impact op de wereld, en een volledige ontkenning van de realiteit van het bewustzijn (en zijn causale invloed). Dit vormt slechts dan een probleem wanneer men denkt dat de werkelijkheid primair of zelfs uitsluitend fysiek moet zijn, een gedachte die in feite slechts een conventionele aanname vormt. Het is niet de enige logische mogelijkheid.

Een aantal denkers heeft getracht de fysieke werkelijkheid zo te herdefiniëren dat zij het bewustzijn zou omvatten. Daarbij zou het bewustzijn werkelijk moeten bestaan en een daadwerkelijke causale impact moeten hebben op de werkelijkheid. Zoals ik al heb aangestipt, is het belangrijke probleem dat deze benadering met zch meebrengt dat het onderscheid tussen wiskundige en niet-wiskundige eigenschappen niet als arbitrair gezien kan worden, omdat het een voorwaarde vormt voor het maken van onderscheid tussen de kwalitatieve, subjectieve manier waarop we een fysiek object waarnemen en de werkelijkheid van dat object los van onze fenomenale waarneming ervan. Een fysieke werkelijkheid die echt bestaat en zelf inherente kwalitatieve en subjectieve eigenschappen bezit, zou niet langer een volledig fysieke werkelijkheid vormen, ten minste niet zoals we die fysieke werkelijkheid doorgaans opvatten (Rivas, 2003a).

Zoals ik reeds heb aangegeven, luidt een van de voornaamste vooronderstellingen van dit artikel dat er een onreduceerbare fysieke werkelijkheid in traditionele zin bestaat.

3. Het geheugen

3.1. Concepten met betrekking tot het bewustzijn en hun verhouding tot de hersenen

Een ieder die de realiteit van het bewustzijn onderkent, aanvaardt daarmee impliciet ook dat concepten met betrekking tot subjectieve ervaringen niet leeg kunnen zijn. Die concepten moeten betrekking hebben op de verschillende kwalitatieve en subjectieve ervaringen die we ondergaan als bewuste subjecten.

Nu kunnen we ons afvragen in wat voor een medium deze concepten met betrekking tot het bewustzijn oftewel "metasubjectieve concepten" opgeslagen zijn. Als we uitgaan van de basisveronderstelling dat het centrale zenuwstelsel werkelijk bestaat, maken metasubjectieve concepten dan deel uit van een conceptueel geheugen dat zich in het brein zou bevinden?

Ik wil hier eerst toelichten hoe ik de term metasubjectief gebruik in dit artikel. Het woord betekent hier uitsluitend "over, met betrekking tot subjectieve ervaringen" oftewel "met betrekking tot het bewustzijn". Er is in dit geval dus geen verband met andere mogelijke betekenissen zoals "het bewustzijn overstijgend" of "behorend tot een sociale of culturele context die groter is dan alleen de eigen persoonlijke ervaring." De manier waarop ik het woord hier gebruik is verwant aan de manier waarop het woord "metacognitie" doorgaans wordt gebruikt. Een mogelijk synoniem voor "metasubjectief" zou hier "metafenomenaal" kunnen zijn.

Om een en ander nog wat ingewikkelder te maken: ik ben me ervan bewust dat men binnen de Engelstalige literatuur op het gebied van de analytische filosofie van de geest (*philosophy of mind*) soms de term "*phenomenal concepts*" gebruikt om aan te geven wat ik hier "metasubjectieve concepten" noem (Carruthers, 2004). De term kan gevonden worden in teksten over de onreduceerbare kwaliteiten van het bewustzijn of in discussies over het fysicalisme. Ik vind deze term minder geschikt omdat "*phenomenal*" primair "subjectief beleefd" betekent, en *phenomenal concept* zo ook een concept lijkt te kunnen betekenen, dat voortdurend subjectief beleefd wordt. Het gaat mij om de inhoud van het concept, en daarom geef ik hier de voorkeur aan de neutralere term "metasubjectief".

3.2. Opslag van metasubjectieve concepten
Als we het hebben over een mogelijk fysiek geheugen, dan hebben we het over een geheugen waarin concepten noodzakelijkerwijs opgeslagen zijn als fysieke en daarmee kwantitatieve patronen. De

vraag wordt dan of concepten met betrekking tot het subjectieve bewustzijn kunnen worden opgeslagen als fysieke, kwantitatieve patronen.

Adequate, toereikende opslag van een concept in een conceptueel geheugen moet dusdanig zijn dat de activatie van het concept cognitieve toegang tot de voornaamste conceptuele dimensies ervan mogelijk maakt. Als we bijvoorbeeld een concept van vleermuizen opslaan dat inhoudt dat vleermuizen vliegende zoogdieren zijn die gebruik maken van echolocatie, dan moeten al deze drie aspecten (vliegen, zoogdieren en echolocatie) voorkomen in het concept zoals dit opgeslagen wordt. Het gaat me daarbij niet om de gebruikte woorden als zodanig maar om de betekenis en het begrip van die woorden. Die hele betekenis moet in het geheugen zelf terug te vinden zijn.

Onze wetenschappelijke concepten van fysieke entiteiten kunnen alleen informatie bevatten over fysieke (zogeheten primaire) eigenschappen. Dit zou geen probleem moeten zijn voor een fysiek systeem waarin concepten worden opgeslagen (voor zover concepten in de alledaagse menselijke zin *überhaupt* voor kunnen komen in een fysiek systeem). Op zich is zo'n systeem in principe in staat om representaties van elk type fysieke entiteit te bevatten.

Dit kan echter niet gezegd worden van
metasubjectieve concepten, van concepten dus die
betrekking hebben op het bewustzijn, en dus ook
representaties van niet-wiskundige eigenschappen
moeten omvatten. Zulke kwalitatieve en subjectieve
eigenschappen (waaronder bijvoorbeeld ook
intentionaliteit (Searle, 1983, 1997)) zijn zelfs
essentieel voor ons begrip van subjectief bewustzijn
(Jackendoff, 1987). Indien we geen toegang zouden
hebben tot deze typerende conceptuele dimensies van
onze concepten met betrekking tot bewustzijn, dan
zou het volkomen onmogelijk voor ons worden om
specifiek na te denken over bewustzijn en zijn diverse
manifestaties.

Kunnen we ons een fysiek systeem voorstellen dat
volledige representaties zou bevatten van de
typerende kwalitatieve en subjectieve dimensies van
het bewustzijn?
Let wel, we hebben het hier niet over de aanwezigheid
van subjectieve ervaringen zelf in het brein als een
fysiek systeem, maar specifiek over de locatie van
uitputtende concepten met betrekking tot bewustzijn.
Om onze vraag nog eens op een andere manier te
formuleren:

Kunnen uitputtende metasubjectieve concepten fysiek

zijn?

Het antwoord op deze vraagt hangt uiteraard af van onze positie rond de niet-kwantitatieve eigenschappen van bewustzijn. Zoals we hierboven al gezien hebben, is het zo dat we - wanneer we zulke eigenschappen verwerpen - het bewustzijn zelf als een fysiek verschijnsel kunnen beschouwen. Maar als we het bestaan ervan onderkennen, dan kunnen de niet-kwantitatieve aspecten van het bewustzijn niet uitputtend kwantitatief worden weergeven. Als we een uitputtende kwantitative beschrijving zouden kunnen geven van het bewustzijn, dan zouden er simpelweg geen onreduceerbare niet-kwantitatieve aspecten van het bewustzijn zijn.

Dit betekent dat het onmogelijk wordt - indien we aanvaarden dat het bewustzijn ook nog andere dan alleen zuiver kwantitatieve aspecten bezit - om ons een uitputtende fysieke representatie voor te stellen van concepten met betrekking tot het bewustzijn, of dit nu in het brein is of in een ander fysiek systeem. Een uitputtende representatie van metasubjectieve concepten kan daarmee in principe alleen gerealiseerd worden in een onstoffelijk medium dat niet bij voorbaat beperkt is tot de beschrijving van kwantitatieve eigenschappen (Rivas, 1999).

4. Mogelijke tegenwerpingen

Laten we eens kijken wat voor een mogelijk tegenwerpingen er geformuleerd kunnen worden tegen mijn analyse. Sommige van deze tegenwerpingen werden daadwerkelijk geuit door echte tegenstanders, terwijl andere zuiver hypothetisch zijn.

4.1. Moeten concepten met betrekking tot het bewustzijn uitputtend zijn?

Sommige denkers kunnen de intentie hebben om aan mijn conclusie te ontsnappen door weliswaar toe te geven dat metasubjectieve concepten niet uitputtend gerepresenteerd kunnen worden in het brein, maar daar wel aan toe te voegen, dat ze ook niet uitputtend hoeven te zijn om er toch voldoende gebruik van te kunnen maken. We zouden namelijk kunnen reconstrueren wat we onder diverse metasubjectieve termen verstaan, aan de hand van onze onmiddellijke subjectieve ervaring met het type bewustzijn waar de termen naar verwijzen.

We kunnen echter nooit een conceptueel onderscheid maken tussen de diverse typen bewustzijn die we ondergaan indien we niet al van tevoren specifieke concepten hebben ontwikkeld die daar betrekking op hebben. Met andere woorden: we kunnen niet begrijpen waar een term naar verwijst als er geen specifieke conceptuele representatie in ons geheugen voorkomt die aan die term gekoppeld is. We hebben dus uitputtende, voldoende specifieke concepten met betrekking tot het bewustzijn nodig, omdat we metasubjectieve termen anders niet op een onderscheidende manier zouden kunnen gebruiken.

4.2. Aangeboren concepten met betrekking tot het bewustzijn

Een andere ontsnappingsroute die men zou kunnen voorstellen luidt dat metasubjectieve concepten niet worden gevormd op basis van het bewustzijn. In plaats daarvan zou het om aangeboren onderdelen gaan die bij de blauwdruk van de menselijke hersenen horen. Op die manier zou het brein geen abstracte informatie over het bewustzijn nodig hebben, maar reeds alle relevante metasubjectieve concepten bevatten, als onderdeel van zijn basale gereedschap.

Maar dit lost het probleem evenmin op, omdat elk aangeboren concept met betrekking tot het bewustzijn dat zich in de hersenen zou bevinden nog steeds volledig kwantitatief zou moeten zijn en daarom enkele noodzakelijke dimensies zou missen.

4.3. Kwantificeerbare dimensies van het bewustzijn

Sommige zullen misschien bezwaar maken tegen mijn analyse en erop wijzen dat het bewustzijn wel degelijk vaak kan worden gekwantificeerd. Proefpersonen bij psychologische experimenten kunnen bijvoorbeeld de intensiteit van een bepaald bewust gevoel in kwantitatieve termen weergeven.

Mijn stelling is echter niet dat bewuste ervaringen helemaal geen kwantificeerbare dimensies bezitten, maar slechts dat ze ook niet-kwantitatieve, kwalitatieve en subjectieve dimensies bezitten.

4.4. Metasubjectieve concepten en andere concepten

Een ander bezwaar dat sommigen misschien zouden willen aanvoeren tegen mijn argumentatie luidt dat alle concepten zoals we ze subjectief beleven alleen kunnen bestaan binnen het bewustzijn. Dit is niet uniek voor metasubjectieve concepten.

Indien we daarom geloven dat niet-metasubjectieve concepten – bijvoorbeeld van specifieke soorten fysieke voorwerpen – kunnen worden opgeslagen in een fysiek systeem, maar alleen subjectief kunnen worden beleefd als onderdeel van het bewustzijn, wat zou dan nog het relevante verschil zijn tussen metasubjectieve en andere concepten?
Het is echter niet mijn punt dat metasubjectieve concepten anders zijn dan andere concepten omdat ze subjectief beleefd dienen te worden. Mijn argument

draait om de inhoud van metasubjectieve concepten. In tegenstelling tot andere concepten, moet de inhoud van zulke concepten informatie bevatten over de onstoffelijke aspecten van het bewustzijn, dat wil zeggen informatie die niet op een zuiver kwantitatieve manier kan worden weergegeven. In dit cruciale opzicht, zijn metasubjectieve concepten hoe dan ook heel anders dan andere concepten.

Metasubjectieve concepten die in het geheugen worden opgeslagen hoeven niet voortdurend subjectief beleefd te worden, maar ze moeten wel kwalitatief zijn, in die zin dat ze informatie bevatten over *qualia*. Met andere woorden: ook al moeten *qualia* zelf – in de zin van de kwalitatieve aspecten van het bewustzijn of bewuste ervaringen wat betreft hun kwalitatieve kant – natuurlijk wel bewust zijn, concepten met betrekking tot *qualia* hoeven niet subjectief beleefd te worden, maar ze moeten wel kwalitatief zijn.

4.5. Een interactionistisch alternatief voor de opslag van metasubjectieve concepten?
Een tamelijk vernuftig bezwaar tegen mijn analyse ziet er als volgt uit. Er kan inderdaad geen metasubjectieve informatie in het brein voorkomen, maar wellicht veroorzaken bepaalde typen subjectieve ervaringen wel specifieke neurologische

veranderingen door middel van een of andere vorm van psychokinese. Zulke veranderingen zouden niet gepaard gaan met opslag van informatie over de specifieke typen bewustzijn in kwestie. In plaats daarvan zouden er natuurwetten van de wisselwerking tussen hersenen en geest bestaan die ervoor zouden zorgen dat de veranderde patronen in de hersenen, telkens wanneer ze geactiveerd worden, herinneringen aan subjectieve ervaringen zouden oproepen.

De veronderstelde interactiewetten zouden daarbij lijken op de natuurwetten die de normale waarneming beheersen, waardoor fysieke patronen in de hersenen leiden tot bewuste indrukken. Metasubjectieve concepten zouden daarbij overigens direct afgeleid worden van de subjectieve ervaringen die iemand zich herinnert.
De veronderstelde analogie met de normale waarneming is echter onhoudbaar, omdat de fysieke patronen bij de normale waarnemingen zeker specifieke informatie leveren over de voorwerpen die in het bewustzijn weerspiegeld worden. Terwijl er bij het veronderstelde geval van de herinnering geen "informationele" relatie zou kunnen bestaan met de subjectieve ervaringen die men zich herinnert als zodanig.

In dit opzicht zouden we te maken hebben met een

causaal verband, maar geen verband waarbij sprake zou zijn van informatie, omdat de niet-kwantitatieve informatie over de subjectieve ervaringen niet zou worden opgeslagen in de hypothetische fysieke patronen. De informatie die zulke patronen zouden bevatten zou uitsluitend de niet-subjectieve, kwalitatieve aspecten van de subjectieve ervaringen kunnen weergeven. De subjectieve, kwalitatieve aspecten van de subjectieve ervaringen zouden enkel en alleen worden opgeroepen in het bewustzijn doordat de hypothetische fysieke patronen in het brein zouden worden geactiveerd, en niet omdat het brein er informatie over zou bezitten.

Overigens is het zo dat indien de veronderstelde fysieke patronen in het brein slechts het (perceptuele) patroon zouden herhalen dat de bewuste ervaring had veroorzaakt, dit hypothetische proces geen echte herinnering meer zou vormen, aangezien we ons niet de bewuste ervaring zelf (die we destijds beleefd hebben) zouden kunnen herinneren. Echte herinnering van een subjectieve ervaring vooronderstelt een directe causale relatie tussen de ervaring zelf en het terughalen daarvan, die afwezig is indien de veronderstelde representatie in een fysiek geheugen niet veroorzaakt is door de bewuste ervaring zelf, maar slechts door het fysieke proces dat eraan voorafging. Daar de subjectieve ervaring niet fysiek

217

gerepresenteerd kan worden, kunnen de onstoffelijke aspecten ervan hoogstens een patroon in de hersenen veroorzaken dat zelf geen informatie over de subjectieve ervaring bevat.

Ten tweede - en dit is echt een doorslaggevend argument tegen deze alternatieve poging tot verklaring - moeten metasubjectieve concepten gebaseerd zijn op niet-kwantitatieve informatie over subjectieve ervaringen in plaats van op hypothetische "markeringen" in de hersenen die zelf geen onstoffelijke, kwalitatieve informatie bevatten. Informatie met betrekking tot de unieke kenmerken van subjectieve ervaringen die alleen in de afzonderlijke bewuste herinneringen van subjectieve ervaringen voor zou komen, kan geen basis vormen voor abstracte metasubjectieve concepten. Zodra de afzonderlijke bewuste herinnering aan de ene subjectieve ervaring vervangen zou zijn door de afzonderlijke bewuste herinnering aan een andere subjectieve ervaring, zou de kwalitatieve informatie uit de eerste bewuste herinnering meteen verloren gaan. Daarom zou de informatie uit de ene bewuste herinnering nooit worden vergeleken met informatie uit een andere bewuste herinnering, en om die reden zou er nooit een metasubjectief concept gevormd kunnen worden dat gebaseerd zou zijn op zo'n vergelijking.

De mogelijkheid van alleen een soort specialistisch werkgeheugen dat zich bezig zou houden met metasubjectieve cognitie zou niet mogen gelden als een alternatief voor een onstoffelijk geheugen, aangezien zo'n hypothetisch werkgeheugen zélf onstoffelijk zou moeten zijn om metasubjectieve concepten te kunnen hanteren.

Bovendien vooronderstelt het gebruik van metasubjectieve concepten informationele relaties tussen zulke concepten, en tussen concepten en episodische herinneringen, en daarom ook de opslag van zowel concepten als herinneringen, en van een netwerk van informationele relaties binnen een stabiel onstoffelijk geheugen, en niet slechts het *ad hoc* opnieuw tot leven roepen van losse concepten of herinneringen op basis van hypothetische, als zodanig willekeurige, "numerieke", kwantitatieve codes of "markeringen" in de hersenen, die op zichzelf geen metasubjectieve informatie zouden bevatten.

4.6. Het wezen van een metasubjectief conceptueel geheugen

Enkele filosofen die dit artikel in een eerdere versie gelezen hebben, klaagden erover dat men zich, als de conceptuele weergave van aspecten van het bewustzijn zoals opgeslagen in het geheugen niet fysiek is, niet zou kunnen voorstellen hoe een metasubjectief conceptueel geheugen eruit zou zien. We kunnen er bijvoorbeeld geen fysiek model van maken en de representatie ervan niet nabootsen in een computer. We kunnen ook niet exact begrijpen hoe een onstoffelijk geheugen in wisselwerking zou staan met het brein als fysiek systeem. Deze denkers stellen dat we geen theoretische entiteiten mogen postuleren waarvan we de precieze aard en de wisselwerking met de rest van de wereld zelf nog niet zouden begrijpen.

In de fysieke wetenschappen worden echter ook entiteiten gepostuleerd omdat hun bestaan vanuit een theoretische optiek noodzakelijk lijkt te zijn. Er is geen reden waarom dit fundamenteel anders zou moeten zijn in de filosofie van de geest of de theoretische psychologie. Indien het bestaan van een onstoffelijk metasubjectief conceptueel geheugen logisch volgt uit onze rationele analyse, horen we het ook echt te postuleren, zelfs als we niet helemaal begrijpen hoe het in elkaar zou steken of zou functioneren.

4.7. Wiskunde als bestanddeel van de geest

Karl Pribram was zo vriendelijk om een eerdere versie van dit artikel te lezen. Hij benadrukt dat de wiskunde bij uitstek bij de geest hoort in plaats van bij de fysieke werkelijkheid. Het is echter niet mijn bedoeling om de wiskunde te reduceren tot iets stoffelijks. Binnen de ontologie en de (fysieke) wetenschappen wordt de stoffelijke werkelijkheid over het algemeen wiskundig beschreven, maar dat wil niet zeggen dat het wiskundige zelf als stoffelijk zou moeten worden gezien. Perceptuele subjectieve ervaringen hebben doorgaans een kwantitatieve kant en we leiden de kwantitatieve eigenschappen van fysieke objecten zelfs af van onze subjectieve ervaringen daarmee. Dat is overigens ook de reden waarom de idealistische stelling dat zelfs de klaarblijkelijk primaire, kwantitatieve eigenschappen van de materie alleen in de geest bestaan in principe houdbaar is.

Met andere woorden: er bestaat een belangrijke asymmetrie in de verhouding tussen materie en wiskundige eigenschappen: alle fysieke processen hebben wiskundige eigenschappen, maar niet alles met wiskundige eigenschappen is fysiek.

5. Herinneringen aan bewuste ervaringen
Mijn analyse is ook van toepassing op de bestanddelen van onze episodische herinneringen aan afzonderlijke bewuste ervaringen. Onze metasubjectieve concepten zijn afgeleid van onze bewuste ervaringen zoals die op de een of andere manier zijn opgeslagen in een episodisch geheugen.

Dit kan alleen werken wanneer de informatie over kwalitatieve en subjectieve aspecten van die bewuste ervaringen niet weggelaten wordt tijdens het proces van opslag. Zoals we al gezien hebben, kunnen kwalitatieve en subjectieve aspecten niet uitputtend gerepresenteerd worden in een fysiek geheugen.

Let wel, ik beweer niet dat afzonderlijke herinneringen onveranderlijk zijn binnen het geheugen. Ik weet dat afzonderlijke herinneringen voor een belangrijk deel voortdurend gereconstrueerd worden en dat ze na verloop van tijd kunnen veranderen. Wat ik wel beweer is, dat de bestanddelen waaruit de afzonderlijke herinneringen aan bewuste ervaringen opgebouwd zijn, hoe dan ook representaties van de specifieke kwalitatieve en subjectieve dimensies van die ervaringen moeten bevatten.

Dit is niet slechts een herhaling van mijn stelling dat metasubjectieve concepten opgeslagen moeten zijn in een onstoffelijk geheugen. Ik beweer nu namelijk ook dat metasubjectieve concepten geabstraheerd zijn uit episodische herinneringen aan bewuste ervaringen, en dat de bestanddelen waaruit die episodische herinneringen worden opgebouwd reeds informatie moeten bevatten over de niet-kwantitatieve aspecten van zulke ervaringen. We moeten in staat zijn om de kwalitatieve en subjectieve aspecten van het bewustzijn te herkennen van onze (gereconstrueerde) herinneringen aan subjectieve ervaringen. Als we die niet zouden herkennen, zouden die aspecten ons helemaal niets zeggen. Zonder herinneringen aan bewuste geursensaties zouden we bijvoorbeeld geen idee hebben wat het betekent om subjectief geuren te ondergaan.

Glenberg (1997) gaat ervan uit dat het klassieke scherpe onderscheid tussen een episodisch en een "semantisch" of conceptueel geheugen als twee duidelijk onderscheiden en afzonderlijke geheugensystemen onhoudbaar blijkt te zijn. Volgens hem zouden episodische en semantische herinneringen allemaal onderdeel uitmaken van hetzelfde cognitieve systeem. Hoe dit ook zij, hoeveel soorten geheugens er ook zijn, metasubjectieve concepten hebben duidelijk te maken met episodische herinneringen aan subjectieve ervaringen.

6. Een onstoffelijk geheugen en de psyche
Een andere vraag luidt hoe het onstoffelijke geheugen waarin conceptuele en episodische metasubjectieve herinneringen opgeslagen moeten zijn, zich verhoudt tot het bewustzijn. Het lijkt nogal voor de hand te liggen dat we ons alleen onze eigen subjectieve ervaringen kunnen herinneren. Dit betekent dat er een

persoonlijk psychisch of mentaal geheugen moet zijn dat nauw verwant is aan het bewustzijn.

Ik beschouw deze analytische conclusie als een stevige basis voor een rehabilitatie van de psyche of persoonlijke onstoffelijke geest of ziel, die het bewustzijn, maar ook metasubjectieve conceptuele herinneringen en bestanddelen van metasubjectieve episodische herinneringen moet omvatten (Rivas, 2003a, 2005; Bergson, 1908; Bozzano, 1994; Gauld, 1982; Wade, 1996; Braude, 2016).

Dit heeft ook interessante gevolgen voor fundamentele theorieën over telepathie. F.B. Dilley (1990) heeft geprobeerd om telepathie te interpreteren als een soort helderziend "lezen" van het brein van iemand anders. Dit is echter niet mogelijk als telepathie ook betrekking heeft op metasubjectieve herinneringen of cognitie. In dat geval moet telepathie bestaan uit een directe interactie tussen twee of meer zielen en daarmee onreduceerbaar zijn tot helderziendheid (Rivas, 1990).

7. Het brein en metasubjectieve cognitie
Veel hedendaagse psychologen gaan ervan uit dat psychologische theorievorming uiteindelijk altijd moet verwijzen naar fysieke mechanismen in de hersenen en daarom ook in overeenstemming moet

zijn met neurologische wetmatigheden.

Volgens mij toont mijn analyse aan dat deze basisveronderstelling onjuist moet zijn. Conceptuele metasubjectieve herinneringen en de bestanddelen van episodische herinneringen aan subjectieve ervaringen kunnen niet voorkomen in het brein als fysiek systeem, en desondanks is hun rol binnen de cognitie erg belangrijk. Dit betekent dat een groot deel van de psychologische theorievorming nooit vertaald kan worden in neurologische termen. De psychologie kan niet gereduceerd worden tot de neurologie (Rivas, 2003a). Al onze metasubjectieve cognitieve processen moeten psychogeen zijn en primair bepaald worden door psychologische (in plaats van neurologische) wetmatigheden.

Aangezien de hersenen als fysiek systeem geen concepten met betrekking tot het bewustzijn kunnen bevatten, kunnen ze letterlijk geen idee hebben van wat het betekent om subjectieve ervaringen te ondergaan. Daarom kan het brein nooit de primaire bron van metasubjectieve cognitie zijn. De hersenen zullen vaak de geest volgen, d.w.z. de neurologische processen zullen dikwijls de psychologie volgen.

Dit alles moet niet alleen gelden voor de menselijke psychologie, maar eveneens voor de psychologie van individuele leden van alle diersoorten die subjectieve ervaringen ondergaan (Rivas, 2003c).

Wat de precieze rol van de hersenen ook moge zijn als we ons iets herinneren, ze kunnen in elk geval niet de plaats zijn waarin metasubjectieve herinneringen opgeslagen worden. En aangezien de opgeslagen metasubjectieve concepten en (bestanddelen van) episodische herinneringen aan subjectieve ervaringen zich niet in het brein bevinden, hoeft de dood van het brein zeker niet automatisch tot de vernietiging van die herinneringen te leiden (Rivas, 1999a, 2000, 2003d; Van Lommel et al., 2001; Parnia et al., 2001; Stevenson, 1987, 1997; Rawat & Rivas, 2005; Rivas, Dirven & Smit, 2010, 2016; Haraldsson & Matlock, 2017). De opslag van het metasubjectieve geheugen buiten de hersenen tijdens het fysieke leven impliceert dat herinneringen kunnen worden bewaard zonder dat er een specifiek fysiek patroon of "substraat" bestaat dat dit zou verklaren.

Bovendien is het a priori voorstelbaar dat een psyche na het uitvallen van de hersenactiviteit cognitief blijft functioneren, aangezien metasubjectieve cognitieve processen psychogeen zijn. Het is denkbaar dat de hersenen – via natuurwetten rond de interactie tussen hersenen en geest – de opslag en het terughalen van metasubjectieve concepten en bestanddelen van afzonderlijke metasubjectieve herinneringen in de geest kunnen faciliteren of obstrueren (Rivas, 1999b), maar de opslag en het terughalen kunnen zelf niet in de hersenen plaatsvinden. Wat het dominante materialistische paradigma ook moge beweren (Augustine, 1997; Braude, 2003), metasubjectieve herinneringen kunnen nooit fysiek zijn of in ultieme zin afhankelijk zijn van de hersenen, hoezeer het brein het terughalen van zulke herinneringen ook zou bemoeilijken.

Literatuur

- Augustine, K., *'The Case against Immortality.'* Skeptic Magazine, 1997, 5, 2.
- Beloff, J., *The Existence of Mind.* Citadell Press, New York, 1962.
- Berkeley, G. A, *Treatise Concerning the Principles of Human Knowledge.* Oxford Philosophical Texts, Oxford, 1998.
- Bergson, H. , *Matière et mémoire.* Félix Alcan, Paris, 1908.
- Bozzano, E., *Cerebro y pensamiento: Literatura del más allá.* Cima, Caracas, 1994.
- Braude, S.E., *Immortal Remains: The Evidence for Life after Death.* Rowman & Littlefield Publishers, Inc., New York, 2003.
- Braude, S.E., *'Your memories aren't in your brain.'*

Skeptiko-interview (http://skeptiko.com/stephen-braude-memories-not-in-brain-318/), 2016.

- Carruthers, P., *'Phenomenal Concepts and Higher Order–Experiences.'* Philosophy and Phenomenological Research, 2004, 68, 2, 316–336.
- Chalmers, D., *The Conscious Mind: In Search of a Fundamental Theory.* Oxford University Press, New York & Oxford, 1996.
- Chalmers, D., *'The puzzles of conscious experience.'* Scientific American, The Hidden Mind, 2002, 90–98.
- Dennett, D.C., *Het bewustzijn verklaard.* Uitgeverij Contact, Amsterdam, 1995.
- Dilley, F.B., *'Telepathy and Mind–Brain Dualism.'* Journal of the Society for Psychical Research, 1990, 56, 819, 129–137.
- Gauld, A., *Mediumship and survival: A century of investigations.* Paladin, London, 1982.
- Glenberg, A.M., *'What memory is for.'* Behavioral and Brain Sciences, 1997, 20, 1, 1–55.
- Haraldsson, E., & Matlock, J., *I saw a light and came here.* White Crow Books, 2017.
- Jackendoff, R., *Consciousness and the computational mind.* MIT Press, Cambridge, 1987.
- Locke, J., *An Essay Concerning Human Understanding.* London: Everyman, 1961.

- Lommel, P. van, Wees, R. van, Meyers, V., & Elfferich, I., *'Near–death experience in survivors of cardiac arrest: a prospective study in the Netherlands.'* The Lancet, 2001, 358, 9298, 2039–2044.
- Nagel, Th., *Mortal Questions.* Cambridge University Press, Cambridge (Mss.), 1979.
- Parnia, S., Waller, D.G., Yeates, R., & Fenwick, P., *'A qualitative and quantitative study of the incidence, features and aetiology of near death experiences in cardiac arrest survivors.'* Resuscitation, 2001, 48, 149–156.
- Popper, K.R., & Eccles, J.C., *The Self and its Brain.* Springer, Berlin, 1977.
- Rawat, K.S., & Rivas, T., *'The Life Beyond: Through the eyes of Children who Claim to Remember Previous Lives.'* Journal of Religion and Psychical Research, 2005, 28, 3, 126–136.
- Rivas, T., *'Telepathy and Mind–Brain Dualism: Comment.'* Journal of the Society for Psychical Research, 1990, 56, 821, 312–313.
- Rivas, T., *'The logical necessity of the survival of personal memory after physical death.'* International Conference on the Survival of Human Personality, Rajsamand, 1991.
- Rivas, T., *'The efficacy of the mind in general.'* The Paranormal Review, 1999a, 11, 34–35.

- Rivas, T., *'Het geheugen en herinneringen aan vorige levens: neuro–psychologische en psychologische factoren.'* Spiegel der Parapsychologie, 1999b, 37, 2–3, 81–104.
- Rivas, T., *Parapsychologisch onderzoek naar reïncarnatie en leven na de dood.* Ankh–Hermes, Deventer, 2000.
- Rivas, T., *Geesten met of zonder lichaam: Pleidooi voor een personalistisch dualisme.* Koopman & Kraaijenbrink, Delft, 2003a. (Derde editie: Lulu.com)
- Rivas, T., *'Why the efficacy of consciousness cannot be limited to the mind – Letter.'*, Journal of Non–Locality and Remote Mental Interactions, 2003b, II, 2.
- Rivas, T., *Uit het leven gegrepen: Beschouwingen rond een leven na de dood.* Koopman & Kraaijenbrink, Delft, 2003c.
- Rivas, T., *'The Survivalist Interpretation of Recent Studies Into the Near–Death Experience.'* The Journal of Religion and Psychical Research, 2003d, 26, 1, 27–31.
- Rivas, T., *'Rebirth and Personal identity: Is Reincarnation an Intrinsically Impersonal Concept?'* The Journal of Religion and Psychical Research, 2005, 28, 4, 226–233.
- Rivas, T., Dirven, A., & Smit, R., *Wat een*

stervend brein niet kan: aanwijzingen voor parapsychologische verschijnselen rond bijnadoodervaringen; de harde kern van bevestigde casussen. Elikser, Leeuwarden, 2010.

- Rivas, T., Dirven, A., & Smit, R., *The Self Does Not Die: Verified Paranormal Phenomena from Near-Death Experiences.* IANDS, Durham, 2016.
- Rivas, T., & Dongen, H.v., *'Exit epifenomenalismo: la demolición de un refugio.'* Revista de Filosofia, 2001, LVII, 111–129.
- Rivas, T., & Dongen, H. v., *'Exit epiphenomenalism: the demolition of a refuge.'* The Journal of Non–Locality and Remote Mental Interactions, 2003, II, 1.
- Rivas, T., & Dongen, H. v., *'Exit epifenomenalisme: het einde van een vluchtheuvel.'* Gamma, 16, 1, 12-36.
- Rosenthal, D.M., *'Identity Theories'*, in: Guttenplan, S. A Companion to the Philosophy of Mind. Blackwell, Oxford, 1994.
- Searle, J.R., *Intentionality: An Essay in the Philosophy of Mind.* Cambridge University Press, Cambridge, 1983.
- Searle, J.R., *The Mystery of Consciousness.* Granta Books, London, 1997.
- Stevenson, I., *Children who remember previous lives: A question of reincarnation.* University Press

of Virginia, Charlottesville, 1987.

- Stevenson, I., *Reincarnation and Biology*. Praeger, London/Westport, 1997.
- Wade, J., *Changes of mind: A holonomic theory of the evolution of consciousness*. State University of New York Press, Albany, 1996.

Dit artikel werd gepubliceerd in *GAMMADELTA*, april 2017, jaargang 4, nummer 3, blz. 49-68.

Hebben dieren een bewustzijn?

Mensen herkennen zich graag in een dier, zeker in hun huisdier. Wat een dier eigenlijk voelt, kunnen we echter alleen indirect uit zijn gedrag afleiden. Dat geldt nog sterker voor wat het wil en wat het 'denkt'. Wat gaat er in die hersenen om? In hoeverre hebben dieren dezelfde emoties als wij in hoeverre is er sprake van bewustzijn?

'Als de kat op mijn schoot zit te spinnen, voelt ze zich lekker. 'Als je hond naar de postbode gromt is hij boos.' Dit soort uitspraken doen mensen voortbordurend over dieren, vooral over hun eigen huisdieren. Binnen de psychologie als wetenschap is dat lange tijd taboe geweest. Het was vroeger volgens veel psychologen niet verantwoord om dieren menselijke gevoelens en gedachten toe te schrijven. We hebben daar geen directe toegang toe, was het argument, en praten over dingen die je niet kunt waarnemen, heeft in de wetenschap geen zin. Volgens deze stroming van het behaviorisme is gedrag (behavior) het enige dat je wetenschappelijk kunt bestuderen.

Sinds de opkomst van de cognitieve psychologie is het een en ander veranderd. Psychologen gingen gebruik maken van het 'computermodel' voor de menselijke geest: deze zou net als een computer input binnenkrijgen, namelijk via de zintuigen, vervolgens die input verwerken en ten slotte output vertonen in de vorm van taal of ander gedrag. Natuurlijk is er wel een en ander op het computermodel af te dingen, maar in ieder geval gaf het mogelijkheden om innerlijke processen, zoals gedachten en geheugenprocessen, in kaart te brengen. Het computermodel kan bovendien toegepast worden op andere diersoorten dan de mens. En dat is dan ook gedaan. Op deze manier zijn er al allerlei interessante experimenten uitgevoerd met dieren om zicht te krijgen op hun psychologische processen.

Een paar voorbeelden. Een papegaai, Alex, werd geleerd hoe hij met een aantal menselijke woorden eenvoudige begrippen correct kon gebruiken. Het was al langer bekend dat papegaaien zeer intelligent gedrag kunnen vertonen, maar een dergelijke woordgebruik was iets nieuws. Ook dolfijnen heeft men symbolen geleerd om onderscheidingen aan te duiden en zij bleken in staat opdrachten met die symbolen correct uit te voeren.

Mensapen blijken in een gebarentaal te kunnen 'spreken' die van oorsprong gebruikt wordt door doven en slechthorenden: American Sign Language. Chimpanzees, maar ook gorilla's en orang-oetans kunnen deze taal op een behoorlijk hoog niveau hanteren. Er is al lange tijd een discussie gaande over de vraag of men hierbij echt mag spreken van een vorm van taal die gelijkwaardig is aan mensentaal. Maar dat die discussie überhaupt gevoerd wordt, wil al heel wat zeggen.

Ook bij andere diersoorten zijn experimenten gedaan rond verschillende vormen van intelligentie en begripsvorming, en naar de voorkeuren die ze hebben, bijvoorbeeld voor bepaalde soorten voedsel en onderdak. Zo heeft de Nederlandse onderzoekster Françoise Wemelsfelder, onderzoek gedaan naar verveling bij varkens en de gevolgen die dat heeft voor hun welzijn. Het blijkt dat varkens wat intelligentie en sociaal gedrag betreft vergeleken mogen worden met honden. De ethologische behoeten van varkens komen overeen met die van wilde zwijnen; in hun natuurlijke omgeving gedragen varkens zich actief en nieuwsgierig, en dat gedragspatroon wordt zwaar belemmerd in de gangbare bio-industrie. Ze vervelen zich buitengewoon en door de frustratie worden ze agressief en in feite gestoord.

Veel resultaten van oudere experimenten komen trouwens ook in een ander licht te staan met behulp van het computermodel. Opeens lijkt het overal in de natuur te bruisen van de psychologische activiteit.

Waar zit de geest?
Toch is er nog steeds weerstand tegen de gedachte dat dieren net als mensen psychologische wezens zijn.

Het probleem daarbij is nu eenmaal dat je alleen je eigen psychische processen direct kunt waarnemen. en dan alleen nog je bewuste processen. Ook al worden wetenschappers steeds beter in het gebruik van scanners om de hersenactiviteit te meten, dan nog is het niet mogelijk daarmee rechtstreeks alle psychische processen te registreren. Men kan hoogstens algemene uitspraken doen over activiteiten in bepaalde hersengebieden die normaliter verbonden lijken te zijn met bepaalde mentale activiteiten. Maar zelfs daarin bestaan allerlei opvallende uitzonderingen. Zo heeft de onderzoeker John Lorber verslag gedaan van mensen met een waterhoofd die nauwelijks een cortex bezaten terwijl ze wel normaal functioneerden.

De relatie tussen hersenen en geest is dus geen één-op-één relatie. En zelfs als dat wel zo was, dan zou men bij de huidige stand van zaken de geest nog steeds niet fysisch kunnen meten, want een gedachte is als gedachte nu eenmaal iets anders dan een reeks zenuwimpulsen. Dit inzicht is trouwens al in de 17e eeuw door de Franse wijsgeer René Descartes geformuleerd. Hij geloofde juist om die reden ook niet in het bestaan van bewustzijn bij dieren. Dieren waren voor hem indrukwekkende robots zonder echte gedachten of gevoelens. Eigenlijk is Descartes daarmee ook de moderne grondlegger geworden van het vraagstuk naar het bewustzijn bij dieren.

Inmiddels zijn we meer dan driehonderd jaar verder,

maar nog steeds is de controverse volgens velen niet bevredigend opgelost. Zelfs in 1997 deed psycholoog Bermond nog de uitspraak dat je waarschijnlijk maar van een klein aantal diersoorten mag verwachten dat ze bewustzijn bezitten. Dit zijn volgens hem de mens, de mensapen en mogelijk nog de dolfijnen en walvisachtigen. Deze diersoorten bezitten namelijk net als de mens een geprononceerde neocortex. Bij de mens lijkt die neocortex nauw in verband te staan met bewuste ervaringen. Als er iets mis is met deze hersenstructuur, valt (meestal) een deel van het menselijk bewustzijn uit.

Bewustzijn afleiden uit gedrag
Als men zich dus alleen op de hersenen van één bepaalde diersoort richt en de menselijke hersenen als maatstaf neemt, komt men tot dergelijke conclusies. Conclusies die hoogstwaarschijnlijk niet gegrond zijn. In plaats van de specifieke menselijke hersenstructuren als maatstaf te nemen, kan men veel beter uitgaan van het feit dat de hersenen van mens en dier in het algemeen behoorlijk veel op elkaar lijken en men dus ook veel overeenkomsten in beleving mag verwachten. Het belangrijkste criterium is daarbij dan echter niet de hersenstructuur maar het gedrag. Als een bepaalde gedraging doet vermoeden dat er sprake is van een vorm van beleving, is het ontbreken van een bepaalde structuur in het dierenbrein geen

doorslaggevend bewijs voor het tegendeel. Indien het dat wel was, dan zouden we ons namelijk geen raad meer weten met uitzonderingen zoals de patiënten met een waterhoofd die John Lorber heeft gedocumenteerd.

We kunnen dus niet te veel nadruk leggen op de overeenkomsten in hersenstructuur, maar moeten ons veel meer concentreren op overeenkomsten in gedrag. Als we dat doen, zien we in ieder geval dat vogels en zoogdieren complexe psychologische wezens zijn waarbij we ook complexe vormen van bewustzijn kunnen verwachten.

Onze gedomesticeerde prooidieren

Dierpsychologie in de vorm van onderzoek naar psychologische processen en bewustzijn bij dieren is heel belangrijk. Allereerst vanwege de interessante informatie die het oplevert. Het in kaart brengen van de psychologie van dieren is een tegenhanger van het in kaart brengen van hun biologie. Dan wordt het beeld dat we van de fauna hebben pas echt compleet en dan kunnen we bovendien onze eigen positie binnen het dierenrijk pas goed bepalen.

Maar naast die wetenschappelijke belang zit er ook een ethisch belang aan modern dierpsychologisch onderzoek vast. Hoe meer we van dieren als psychologische wezens te weten komen, des te groter onze verantwoordelijkheid tegenover hen wordt. Stel bijvoorbeeld dat we uit onderzoek concluderen dat er een smaak aan een of ander voer zit waar bepaalde dieren helemaal niet van houden, dan zou het onethisch zijn om ze dit voer toch weer steeds voor te zetten.

Dit voorbeeld is nog tamelijk triviaal. De homo sapiens heeft sinds mensenheugenis dieren voor zijn eigen gemak en genoegen gebruikt. En dat waren slechts gedeeltelijk primitieve wezens zoals wormen of oesters. Meestal waren en zijn het juist complexe zoogdiersoorten, zoals varkens, die de mens houdt als een soort gedomesticeerde prooidieren.

De gemiddelde 'geciviliseerde' persoon komt echter niet in aanraking met de praktijk van de veeteelt. Dit is iets waar bijna alleen de boeren, vrachtwagenchauffeurs en personeel van slachthuizen mee te maken hebben. Alleen als het helemaal misgaat, zoals in het geval van de 'gekke koeien'-ziekte of de verwoestende varkenspest, beseffen we pas waar onze karbonade en biefstuk eigenlijk vandaan komen. Het is gelukkig nog steeds zo dat mensen geschokt raken als ze zien dat varkens en biggetjes massaal op een brute manier 'preventief' worden vernietigd, maar toch zijn we gewend met twee maten te meten. De Australische filosoof Peter Singer spreekt in dit verband van speciesisme, het discrimineren van andere soorten alleen omdat geen mensen zijn.

Naar kennis van welzijn

Speciesisme is mede het gevolg van een gebrek aan besef dat varkens, koeien, schapen, geiten en wat dies meer zij gevoelige en soms zelfs behoorlijk intelligente dieren zijn. De beschikbare kennis is nog weinig tot het grote publiek doorgedrongen.

Ook van het verhaal dat de dieren die voor menselijke consumptie worden gedood, tenminste een fijn leven hebben gehad, klopt in de meeste gevallen niets. Zelfs in een scharrelsetting wordt een dier opgescheept met veel te veel soortgenoten, waardoor het niet normaal kan functioneren. Dat geldt bijvoorbeeld voor varkens, die een gevarieerde omgeving nodig hebben om hun onderzoekingsdrift te kunnen bevredigen, maar evenzeer voor kippen, die elkaar dan ook helemaal kaal pikken, of voor kistkalveren, die letterlijk helemaal geen kant uit kunnen. Het is in zekere zin ongehoord dat er zogeheten psychologisch 'welzijnsonderzoek' wordt gedaan naar het welbevinden van landbouwhuisdieren, als men beseft dat de uitkomsten van dit onderzoek nauwelijks worden meegenomen in het landbouwbeleid. Aan de ene kant erkent men door dergelijk onderzoek dat dieren psychologische wezens zijn en dus gerespecteerd zouden moeten worden, aan de andere kant doet men dat binnen een 'speciesistisch' kader dat zuiver gericht is op het gebruik van dieren als economische objecten.

Als we optimistisch zijn, mogen we verwachten dat, zoals in de tv-serie Star Trek al voorspeld is, de mensheid van de toekomst vegetarisch zal zijn. Dolfijnen hebben vis nodig, maar de mens kan volledig gedijen op een vegetarisch dieet.

Dit artikel werd gepubliceerd in Psychologie, juli/augustus 1997, blz. 22-24

Filosofische achtergronden van theoretische verschillen

Binnen de theoretische psychologie wordt soms een theoretische eenheid nagestreefd zoals die zou gelden binnen de natuurwetenschappen. Het zou volgens sommigen een teken van onvolwassenheid zijn dat er wezenlijk verschillende psychologische scholen bestaan, zoals het cognitivisme, het sociaal constructivisme, de hedendaagse varianten van het behaviorisme, de analytische psychologie, erfgenamen van de psychoanalyse, de humanistische psychologie en de transpersoonlijke psychologie. Hier zit volgens mij een denkfout achter, namelijk dat de verschillen tussen psychologische scholen vooral te maken hebben met concentratie op een bepaald deelaspect van de psychologie. De scholen zouden volgens deze visie lijken op de blinden uit het bekende verhaal (toegeschreven aan diverse tradities) die allemaal slechts één orgaan van een olifant zouden waarnemen zonder het geheel te kunnen overzien. Volgens deze visie zou je in feite alleen maar de verschillende onderzoeksresultaten hoeven te combineren en eventueel nog een gemeenschappelijke taal moeten ontwikkelen en de eenwording ligt binnen handbereik. Deze metafoor wordt wel eens gebruikt als basis voor een interreligieuze dialoog, waarbij alle godsdiensten (slechts) een deel van de waarheid verkondigen.

Zo simpel is het echter niet als we het over wetenschappelijke scholen hebben. Naast verschillen in aandacht voor bepaalde verschijnselen en een eigen jargon, bestaan er ook nog verschillen in filosofische uitgangspunten, die te maken hebben met mensbeeld (antropologie), het beeld van dieren en het lichaam-geest probleem (uit de philosophy of mind). Zo is de humanistische psychologie bijvoorbeeld onverenigbaar met een reductionistisch materialistische visie. Anderzijds wijzen het behaviorisme en het cognitivisme bijvoorbeeld parapsychologische data doorgaans bij voorbaat van de hand omdat ze niet te rijmen zijn met hun filosofische uitgangspunten. Dit alles levert grote verschillen in theorievorming op die een duidelijk wijsgerige achtergrond hebben.
Volwassenheid in theoretische zin wil bij wetenschappen als de psychologie daarom niet zeggen dat je streeft naar eenheid en daarbij de wijsgerige verschillen gewoon over het hoofd ziet. Het betekent juist dat je de pluriformiteit als onvermijdelijk accepteert, omdat de onderliggende verschillen geen empirische (vakwetenschappelijke) maar filosofische achtergrond hebben. Natuurlijk kun je de filosofische uitgangspunten zelf ter discussie stellen, maar *binnen*

de wetenschap in kwestie, is theoretische
verscheidenheid een gevolg van filosofische vrijheid.
Iets dergelijks geldt ook voor deelgebieden, zoals
bijvoorbeeld het parapsychologisch onderzoek naar
een leven na de dood. Afhankelijk van filosofische
uitgangspunten bestaan ook hier verschillende
theorieen over, zoals dat er een persoonlijk overleven
is of dat er alleen in onpersoonlijke zin iets van
iemands psyche overblijft.

**Deze blog werd, tussen 2005 en 2010, zonder
precieze datum gepubliceerd op http://psychologie-
nu.blogspot.com/2006/07/filosofische-
achtergronden-van_12.html**

Filosofische kritiek op de computer als model voor de verhouding tussen lichaam en geest(1)

Samenvatting
De computer als model voor de relatie tussen hersenen en persoonlijke geest lijkt het materialistische mens- en dierbeeld op eerste gezicht aannemelijker te maken dan ooit tevoren. Dit is echter maar schijn. Het bewustzijn (onze subjectieve beleving) heeft allerlei kenmerken die niet te vatten zijn in een computermetafoor. Pogingen om zoveel mogelijk van het idee van de computer als model voor de verhouding tussen brein en geest te redden, zoals die van het zogeheten reductionisme, het epifenomenalisme en de identiteitstheorie, blijken stuk voor stuk onhoudbaar te zijn. Door een analyse van de computermetafoor voor de relatie tussen hersenen en persoonlijke geest, blijkt dat het materialisme definitief verworpen dient te worden. Dit heeft onder meer gevolgen voor onze visie op bijna-doodervaringen: materialistische bezwaren tegen een spirituele interpretatie kunnen niet steekhoudend zijn.

Inleiding
Nogal wat mensen schijnen er oprecht van overtuigd te zijn dat de psychologie uiteindelijk opgevat zal kunnen worden als onderdeel van de zogeheten

neurowetenschappen die het zenuwstelsel bestuderen.
Ons hele wezen zou namelijk bepaald worden door
lichamelijke processen en volgens velen zou er zelfs
niets zijn wat niet opgevat kan worden als zulke
lichamelijke processen. De hersenen zouden daarbij
volledig centraal staan in het menselijke leven. Het
brein is immers het orgaan binnen het menselijk
lichaam dat alle zintuiglijke prikkels binnenkrijgt en
verwerkt, en tevens het centrum van waaruit alle
signalen worden voortgebracht die het lichaam in
beweging zetten. In veel handboeken van biologie en
psychologie wordt zelfs ronduit gesteld dat de
hersenen al onze gevoelens, gedachten, verlangens en
handelingen bepalen. In feite zouden we dus een soort
natuurlijke robots zijn die volledig te begrijpen zijn
vanuit lichamelijke processen, en dan met name de
hersenprocessen. We noemen dit mensbeeld
materialistisch, omdat het ervan uitgaat dat de mens
volledig beschreven kan worden in termen van
materiële oftewel fysieke structuren en processen
(Rivas, 2003a). Uiteraard gaat een materialistisch
mensbeeld ook automatisch gepaard met een
materialistisch beeld van (andere) dieren (Rivas,
1999a).

**De computer als model voor de verhouding tussen
hersenen en geest**

Binnen de wetenschappelijke psychologie heeft zich enkele decennia geleden een zogeheten *cognitieve revolutie* voorgedaan. Daaraan voorafgaand werd de psychologie nog voor een groot deel bepaald door een stroming die mensen en dieren opvatte als in wezen gedachteloze machines. Zogeheten cognitieve processen zijn processen die te maken hebben met de verwerking van informatie, zoals nadenken, bedenken, begrijpen, herkenning en herinnering. Dit werden sinds de ontwikkeling van de eerste computers weer serieuze onderwerpen die men niet langer kon negeren. Psychologen hanteerden vanaf toen op grote schaal namelijk een zogeheten computermetafoor van de relatie tussen geest en hersenen, dat wil zeggen dat men het innerlijke leven van de mens voortaan benaderde als een natuurlijke parallel van de kunstmatige informatieverwerking in een computer. Net zoals een pc informatie kan opslaan en verwerken, is de mens volgens dit model in staat om zich met zijn brein een innerlijk beeld te vormen van de buitenwereld en dat aan te passen aan nieuwe informatie.

Op basis van creatieve gedachteprocessen kan de mens actief veranderingen aanbrengen in zijn omgeving en zelfs een hele taal en cultuur creëren. Ook wordt binnen het model van de computer als metafoor voor de relatie tussen geest en brein erkend dat mensen zelfbewuste wezens zijn, die een concept bezitten van zichzelf en mede op basis daarvan in het leven staan. Sommige psychologen raakten zelfs geïnteresseerd in de cognitieve processen van dieren, wat leidde tot een verbetering van het beeld dat men in de wetenschap in het algemeen van dieren heeft en zo zelfs tot meer aandacht voor de bescherming van individuele dieren.

Het computermodel van de relatie tussen hersenen en geest heeft al met al veel zegeningen gebracht, doordat het de mens en andere dieren als actief denkende, intelligente wezens heeft erkend. Toch heeft het ook een belangrijk nadeel. Door de nabootsing van denk- en andere cognitieve processen in computers, is het materialistische wereldbeeld voor velen nog aannemelijker geworden dan het daarvoor al leek. Voorafgaand aan de invoering van het computermodel van de relatie tussen hersenen en geest, meenden velen dat die geest als het ware volledig 'ongrijpbaar' was voor de wetenschap. Gedachten, gevoelens of herinneringen waren in die visie uitsluitend privé-processen die alleen voor de persoon zelf direct toegankelijk waren en eerder iets te maken hadden met filosofie of theologie dan met natuurwetenschap. Het cognitivisme heeft echter denkprocessen nagebootst, bijvoorbeeld in de vorm van een schaakcomputer, die het niet-materiële karakter van de geest op losse schroeven lijkt te hebben gezet. De redenering luidt daarbij ongeveer: als een volledig fysieke computer iets kan, waarom zou een volledig fysiek brein dat dan niet ook kunnen? Is het nog wel nodig om te veronderstellen dat er meer aan de hand is dan zuiver fysieke, machine-achtige 'rekenprocessen'?

Sommige onderzoekers van bijna-doodervaringen verklaren BDEs weg als niet meer dan merkwaardige beelden die door de hersenen zelf gecreëerd worden als onderdeel van een geruststellend aangeboren 'programma'. Het zou gaan om hallucinaties van een stervend brein. In feite is dit de enige theoretische mogelijkheid als de persoonlijke geest werkelijk niets meer is dan een ingewikkeld soort informatieverwerking in de hersenen. Er zou namelijk niets over kunnen blijven van het bewustzijn na de dood van het brein. Opdat de persoonlijke geest de dood overleeft, moet hij in elk geval meer behelzen dan een verzameling computerprogramma's gebonden aan het brein

Reacties op het model
Binnen de psychologie zijn er vanaf het begin reacties gekomen op het 'functionalistische' model van de geest die als een soort software draait op de hardware van het brein.
Zo zijn er veel psychologen die de mens zien als veel

meer dan een biologische machine met computerachtige processen in zijn hoofd. Niet alleen heeft de mens eigenschappen die nooit in een computermodel te vangen zijn, maar elke natuurwetenschappelijke benadering leidt in feite tot een verarming van het mensbeeld van alledag.

Naast de psychologische kritiek op de computermetafoor is er ook nog zogeheten analytische, filosofische kritiek, dat wil zeggen kritiek die zich richt op de innerlijke samenhang van het model.
Er blijken, zoals veel psychologen al aangeven, eigenschappen te bestaan van ons bewustzijn (in de zin van subjectieve beleving), die niet opgevat kunnen worden als parallellen van verwerkingsprocessen in een computer. Computerprocessen hebben slechts *fysieke* eigenschappen. Ze zijn nooit subjectief, dat wil zeggen dat ze niet van binnenuit worden ervaren door iemand. Ze zijn volledig te beschrijven in zogeheten kwantitatieve, dat wil zeggen wiskundige termen, wat bijvoorbeeld niet geldt voor kwalitatieve ervaringen zoals het menselijke zien van kleuren, het voelen van pijn of genot, of emoties als woede. Bovendien vertonen gedachten de eigenschap dat ze over iets gaan, een eigenschap die als *intentionaliteit* bekend staat. Dit geldt al evenmin voor computerprocessen die slechts betekenis kunnen krijgen als mensen ze

interpreteren.

Pogingen om de computermetafoor te redden
Veel psychologen, neurowetenschappers en cognitiewetenschappers houden zich niet bezig met de kritiek op het model van de geest als software. Ze passen het gewoon toe in hun eigen onderzoek of behandeling en laten theoretische discussies over aan de experts. Anderen werken soms gewoon door aan hun eigen projecten binnen het kader van de computermetafoor, zonder te beseffen hoezeer dit eigenlijk ter discussie zou moeten staan.

Toch is er een aantal denkers dat in elk geval tracht de voornaamste pijler van het model, namelijk dat de geest vergelijkbaar is met een soort computerprogramma, overeind te houden. Het gaat globaal genomen om drie stromingen:

- Denkers die proberen om de kritiek op de computermetafoor volledig naast zich neer te leggen. Een voorbeeld daarvan is de bekende filosoof Daniel C. Dennett (1995), die onder meer deelnam aan de boeiende serie *Een schitterend ongeluk* van Wim Kayzer. In boeken als *Consciousness Explained* probeert Dennett op een welsprekende manier alle gangbare bezwaren tegen het idee van de geest als fysiek programma te ontkrachten. Hij gaat zover te ontkennen dat er echt bewustzijn bestaat en stelt zelfs dat mensen meer lijken op 'zombies' dan we denken. Alle gangbare gedachten over onze geest zouden berusten op achterhaalde misverstanden en illusies. In feite stelt Dennett dat de computer als model voor de relatie tussen hersenen en geest helemaal geen echte problemen kent. Er bestaan geen *echte* bewuste ervaringen volgens hem en wat er dan wel bestaat aan denkprocessen e.d. is wel degelijk goed te begrijpen vanuit de theorie dat de geest een soort computerprogramma is. Dennett wordt door nogal wat materialisten onthaald als een genie doordat hij de problemen die kenmerkend zijn voor het materialisme gewoon wegtovert. Alle waardering die Dennett ten deel valt, laat zien dat het bewustzijn nu eenmaal echt niet verenigbaar is met het materialisme. Door uit alle macht vast te houden aan een materialistisch wereldbeeld, terwijl men allang beter zou moeten weten, denken aanhangers van Dennett dat ze meer dan ooit deel uitmaken van de natuurwetenschap.

- Sommige hedendaagse denkers beseffen hoe onredelijk de ontkenning van het bestaan van het bewustzijn door lieden als Dennett feitelijk is. Een bekend voorbeeld is de begaafde jonge filosoof David Chalmers (1996). Chalmers stelt terecht dat het bewustzijn niet gezien kan worden als alleen maar fysieke processen in de hersenen. Toch zou de geest volgens hem wel volledig voortkomen en bepaald worden door dergelijke processen. Onze innerlijke beleving of bewustzijn kan dus niet worden opgevat als een soort computerprogramma, maar het zou daar wel geheel en al door worden opgewekt. Andersom zou het bewustzijn zelf geen enkele invloed hebben op de werkelijkheid. Deze positie heet ook wel epifenomenalisme, de stelling dat het bewustzijn een epifenomeen is. Dat wil zeggen een machteloos bijverschijnsel van processen in de hersenen. Laten we hier nog even op doorgaan.

Epifenomenalisme
Het epifenomenalisme van mensen als Chalmers is cruciaal voor een tenminste gedeeltelijke handhaving van het computermodel van de geest. Als het bewustzijn namelijk invloed zou hebben op de hersenen, zou dat betekenen dat veel cognitieve processen niet volledig opgevat kunnen worden als hersenprocessen die vergelijkbaar zijn met de processen in een computer. Als er een wisselwerking bestaat tussen bewustzijn en hersenprocessen, zou daarmee aangetoond worden dat ook de werking van de geest (en niet alleen het bestaan van het bewustzijn) niet volledig te begrijpen valt vanuit het concept van de geest als een soort software. Dat zou werkelijk het einde betekenen voor de gedachte van de computer als adequaat model van de relatie tussen

hersenen en geest.

Nu zijn er al langer analytische argumenten bekend tegen het epifenomenalisme die allemaal luiden dat het erg vreemd is dat het bewustzijn geen enkele invloed zou uitoefenen op de werkelijkheid, terwijl epifenomenalisten het toch zelf hebben over dat bewustzijn. Dat doet immers vermoeden dat ze iets weten over het bewustzijn en dat dit bewustzijn dus ook invloed heeft gehad op hun kennis van de werkelijkheid.

Epifenomenalisten zeggen van oudsher dat dit maar zo *lijkt*, maar de laatste 15 jaar is hier weer een reactie op gekomen. Als het slechts om schijn gaat, zeggen de aanhangers van het epifenomenalisme eigenlijk dat ze helemaal niets weten over bewustzijn. Ze weten dan zelfs niet dat er bewustzijn bestaat. Terwijl hun theorie nu juist een theorie is over het bewustzijn, namelijk dat het echt bestaat en dat het tegelijkertijd geen enkele invloed heeft. Het epifenomenalisme is dus een innerlijk tegenstrijdige, onredelijke positie. Zelfs Dennett heeft dit in zijn *Consciousness Explained* terecht tegen het epifenomenalisme ingebracht.

Hein van Dongen en ikzelf (Rivas & Van Dongen, 2001; 2003; Rivas, 2003b) hebben een eigen versie van dit argument tegen het epifenomenalisme gepubliceerd. Ik heb David Chalmers ook met deze versie geconfronteerd. Hij reageerde hierop door te stellen dat we inderdaad kunnen weten dat er bewustzijn is, maar dat dit nog niet betekent dat het bewustzijn ook echt een invloed heeft op de werkelijkheid. We zouden als het ware direct toegang hebben tot ons bewustzijn zonder dat dit daarbij ook nog eens een invloed uitoefent op ons beeld van de werkelijkheid. Ik reageerde daar weer op dat we een duurzaam idee hebben van bewustzijn, en dus niet alleen een tijdelijk, vluchtig besef van het feit dat we subjectieve ervaringen ondergaan. Dit betekent dat we toch echt een impact moeten veronderstellen van ons bewustzijn op ons geheugen. Daar wist Chalmers niets meer tegenin te brengen en in plaats daarvan zette hij een link naar een tweede (Engelse) gepubliceerde versie van de paper van Hein en mij op zijn eigen website van artikelen over de filosofie van bewustzijn.

Identiteitstheorie
Een derde poging om het computermodel te redden, is de zogeheten identiteitstheorie van hersenen en subjectiviteit. Deze stelt net als Dennett dat de geest gelijk staat aan processen in de hersenen, maar erkent net als Chalmers dat we van binnenuit dingen beleven die moeilijk in te passen zijn in een materialistisch

wereldbeeld. De identiteitstheorie van iemand als D.M. Rosenthal (1994) zegt in feite dat we ons brein van binnenuit anders beleven dan wat er van buitenaf van te registreren valt door anderen. De beleving van het eigen bewustzijn zou echter 'slechts' subjectief zijn, en niet op kunnen tegen de 'objectieve' visie op het brein binnen de wetenschap. De manier waarop we onze eigen geest beleven zou net zo vertekend zijn als de manier waarop we de beweging van de zon beleven. We hebben echt de indruk dat die 's ochtends opkomt en 's avonds weer ondergaat, terwijl objectief gezien de aarde juist om de zon draait. Zo hebben we ook de indruk dat onze geest geen fysiek verschijnsel in onze hersenen is, terwijl die dat in werkelijkheid wel zou zijn. Net als in het epifenomenalisme van David Chalmers moet dat dus wel betekenen dat het bewustzijn zoals we dat beleven zelf geen enkele objectieve invloed heeft op de werkelijkheid, aangezien dat bewustzijn in subjectieve zin dan opeens toch echt (objectief) zou moeten bestaan. Dat maakt het tegelijkertijd erg gemakkelijk voor ons om de identiteitstheorie te ontkrachten: als de identiteitstheorie zelf een theorie wil zijn over het bewustzijn, dan moeten de aanhangers ervan kennelijk beschikken over kennis van bewustzijn zoals dat zich subjectief, van binnenuit manifesteert. Maar dat kan alleen als dat bewustzijn zelf als zodanig een *objectieve* invloed heeft uitgeoefend op het geheugen zodat men zich er een idee van heeft kunnen vormen. En zo'n objectieve invloed is dus onverenigbaar met de identiteitstheorie.

Parallellisme

Nog een laatste poging om tenminste zoveel mogelijk van het computermodel overeind te houden, wordt gevormd door het parallellisme. Cerebrale en mentale processen zouden zich volgens deze stroming volledig onafhankelijk en tegelijk volledig parallel aan elkaar voltrekken. Men stelt met andere woorden dat het bewustzijn inderdaad invloed uitoefent op het geheugen, maar dan alleen binnen het domein van de geest zelf. Het brein zou op geen enkele manier beïnvloed wordt door het bewustzijn en het bewustzijn zou zelf ook op geen enkele manier beïnvloed worden door het brein. Het is direct in te zien dat die laatste gedachte natuurlijk net zo onhoudbaar is als de theorie dat het bewustzijn geen enkele invloed uitoefent op de werkelijkheid. Als het brein namelijk geen invloed heeft op het bewustzijn, kunnen we geen enkele goede reden meer hebben om in het bestaan van een brein te geloven, terwijl het parallellisme nu juist onder meer een theorie over hersenprocessen is.

Maar ook de stelling dat de hersenen op geen enkele manier beïnvloed worden door de bewuste geest is bij voorbaat onhoudbaar, doordat we dan, zoals de filosoof John Foster (in Smythies & Beloff, 1989) aangeeft, niet meer zinvol kunnen schrijven of spreken over het bewustzijn. Onze daden zouden op geen enkele manier meer kunnen verwijzen naar kennis over het bewustzijn. Dat wil dus zeggen dat de aanhangers van deze stelling eigenlijk beweren dat hun woorden over het bewustzijn niet echt woorden over het bewustzijn zijn, met andere woorden dat hun parallellisme geen zinvolle uitspraken over het bewustzijn kan omvatten (terwijl het nu juist onder meer een positie is over het bewustzijn).

We moeten dus werkelijk om puur logische redenen aannemen dat het bewustzijn ook invloed uitoefent op het brein (2). Dit betekent dat zelfs een parallellistische aanpassing van het computermodel dit model niet kan redden.

Rehabilitatie van de persoonlijke geest

Al eeuwen lang weten we dat de hersenen in allerlei opzichten invloed uit kunnen oefenen op de geest (Rivas, 1993, 2003a). Dit heeft sommigen ertoe gebracht aan te nemen dat de geest volledig neerkomt op een product van het brein. Door de opkomst van de gedachte van de computer als model voor de relatie tussen hersenen en geest leek deze visie op het eerste gezicht aannemelijker te zijn geworden dan ooit tevoren. Toch is bij nadere analyse gebleken dat zij echt bij voorbaat onhoudbaar is. Kennelijk zijn hersenen en geest twee aparte zaken die elkaar wederzijds actief beïnvloeden.

Neurologische studies over de invloed van de hersenen op de geest horen zo redelijkerwijs gezien ook nooit meer gezien te worden als argumenten voor het materialisme (3). Het tijdperk van het materialisme (in de reductieve zin en in de vorm van een identiteitstheorie) en epifenomenalisme hoort eindelijk definitief afgesloten te worden. Dit geldt niet alleen voor de menselijke geest, maar net zo goed voor dierlijk bewustzijn (Rivas, 1999a).

De parapsychologie kan hierbij een belangrijke rol spelen door alle fenomenen die zo lang genegeerd werden doordat ze strijdig zijn met materialisme en het computermodel van de geest, waaronder bijna-doodervaringen met veridieke waarnemingen, meer dan ooit voor het voetlicht te brengen (Rivas, 1999b, 2000, 2003c, 2003e; Van Lommel et al, 2001; Smit, 2003). Er is geen enkele reden om rekening te houden met het naar verluidt 'indrukwekkende bewijsmateriaal' voor de stelling dat de geest volledig bepaald wordt door de hersenen, omdat die stelling al bij voorbaat verworpen moet worden. De wetenschappelijke gegevens moeten worden geïnterpreteerd binnen een kader van houdbare vooronderstellingen, zodat het materialisme en

259

fysicalisme bij voorbaat gediskwalificeerd zijn als zo'n kader.

Dit geldt dus ook voor bijna-doodervaringen die niet zo maar bij voorbaat afgedaan mogen worden als een speciaal soort hallucinaties van een stervend brein, alleen maar omdat de relatie tussen geest en hersenen opgevat zou moeten worden als een relatie tussen software en hardware. De verhouding tussen bewustzijn en brein ligt juist *bij voorbaat* anders, en daarmee zijn materialistische bezwaren tegen een spirituele interpretatie van BDEs ook niet langer steekhoudend.

Vanuit deze gedachtegang heb ik in juni 2003 de voorzitter van Skepsis, emeritus hoogleraar Joop Doorman via Jan Willem Nienhuys uitgedaagd online met mij in discussie te gaan over het epifenomenalisme en de invloed van de geest op de werkelijkheid (Rivas, 2003d). Terwijl ik dit schrijf (herfst 2004), heeft prof. Doorman nog op geen enkele manier op deze uitdaging gereageerd.

Uit mijn ruime ervaring met het zogeheten James Randi Educational Foundation-forum op het internet, maak ik op ik dat skeptici in het algemeen niet bereid zijn om de kracht van analytische argumenten te onderkennen als het om materialisme en fysicalisme gaat. Als blijkt dat dergelijke argumenten niet berusten op simpele denkfouten, stellen ze meestal dat ze desondanks gewoon 'niet relevant' zijn.

Referenties

· Braude, S.E. (2003). *Immortal Remains: The Evidence for Life after Death*. Rowman & Littlefield, 2003
· Chalmers, D. (1996). *The Conscious Mind*. New York: Oxford University Press.
· Dennett, D.C. (1995). *Het bewustzijn verklaard*. Uitgeverij Contact.
· Lommel, P. v., Wees, R. v., Meyers, V., & Elfferich, I. (2001). Near-death experience in survivors of cardiac arrest: a prospective study in the Netherlands. *The Lancet, 358,* 9298, 2039-2044.
· Rivas, T. (1993). De mysterieuze relatie tussen hersenen en geest. *Prana,* 78, 69-74.
· Rivas, T. (1999a). Bestaat er een dierlijke ziel? Gezond Idee!, 46, 12-13.
· Rivas, T. (1999b). Analytical argumentation and the theoretical foundation of psychical research. *The Paranormal Review, 10,* 33-35 (deel I) en 11, 34-35 (deel II).
· Rivas, T. (2000). *Parapsychologisch onderzoek naar reïncarnatie en leven na de dood*. Deventer: Ankh-Hermes.
· Rivas, T. (2003a). *Geesten met of zonder lichaam: pleidooi voor een personalistisch dualisme*. Delft:

Koopman & Kraaijenbrink.

· Rivas, T. (2003b). Why the efficacy of consciousness cannot be limited to the mind (Letter). *The Journal of Non-Locality and Remote Mental Interactions*, *Vol. II*, Nr. 2.

· Rivas, T. (2003c). *Encyclopedie van de Parapsychologie van A tot Z*. Rijswijk: Elmar.

· Rivas, T. (2003d). *Epifenomenalisme en psychogene causaliteit*, online paper bedoeld als uitdaging aan de filosoof prof.dr. S.J. (Joop) Doorman, voorzitter van *Skepsis*, om te reageren op kritiek op de gedachte dat de geest een machteloos bijverschijnsel van de hersenen is. Geplaatst op de (inmiddels opgeheven) eigen website *Kritisch* en de voormalige website van de zogeheten Skepsis-watchers, onder de titel Discussie met skeptici.

· Rivas, T. (2003e). De theoretische interpretatie van bijna-doodervaringen. *Terugkeer, 14(3)*, 11-14. (Iets uitgebreide herdruk van een artikel in *Tijdschrift voor Parapsychologie* en vrije vertaling van een oorspronkelijk Engelstalig artikel in *The Journal of Religion and Psychical Research*).

· Rivas, T., & Dongen, H.v. (2001). Exit Epifenomenalismo: la demolición de un refugio. *Revista de Filosofía*, 57, 111-129.

· Rivas, T., & Dongen, H.v. (2003). Exit Epiphenomenalism: the demolition of a refuge. *The Journal of Non-Locality and Remote Mental*

Interactions, Vol. II, Nr. 1.

· Rosenthal, D.M. (1994). Identity Theories. In: Guttenplan, S. (ed.), *A Companion to the Philosophy of Mind*, Oxford, Blackwell, pp. 348-355.

· Smit, R.H. (2003). De unieke BDE van Pamela Reynolds (Uit de BBC-documentaire 'The Day I Died'). *Terugkeer*, 14 (2).

· Smythies, J.R., & Beloff, J. (Eds.) (1989). *The case for dualism*. Charlottesville: University Press of Virginia.

· Website van David Chalmers getiteld *Online papers 1: Philosophy of Consciousness*.

Ik heb in 2003 een beknopte algemene verhandeling over de filosofie van de geest geschreven die aansluit bij dit artikel, getiteld *Geesten met of zonder lichaam: pleidooi voor een personalistisch dualisme*. (Het boek is te bestellen bij Lulu.com, via de website. Het is ook verkrijgbaar via de boekhandel; ISBN 90-75675-11-9.)

Noten
1. Met dank aan Rudolf H. Smit, Anny Dirven, Hein van Dongen, Dave Chalmers, Jan Willem Nienhuys en deelnemers aan diverse threads van het *James Randi Educational Foundation Forum* met kleurrijke namen als Interesting Ian, Dr. Stupid en Dancing David.
2. Let wel, ik heb het hier over een hedendaagse vorm

van parallellisme. Dus niet over een oudere vorm volgens welke de geest informatie kan bevatten over de materie door de invloed van God. Overigens is ook die oudere vorm niet houdbaar, want de kennis van de fysieke wereld die God in onze geest geplaatst zou worden, zou pas betrouwbaar zijn als die kennis overeenkomt met de fysieke werkelijkheid zoals zij is, en niet slechts met een beeld van een imaginaire fysieke werkelijkheid. Met andere woorden, de betrouwbaarheid van de kennis is afhankelijk van het bestaan van de fysieke werkelijkheid zelf, die dus mede bepaalt of onze kennis correct is. Dat is onmogelijk binnen een parallellistisch wereldbeeld, aangezien werkelijk *niets* in de ene werkelijkheid (de fysieke wereld of iemands geest) bepaald wordt door toestanden in de andere werkelijkheid.

3. Vergelijk Braude, 2003. Overigens zijn er ook hedendaagse neurologen die belangstelling tonen voor de theorie van een ziel die in wisselwerking staat met het brein, zoals Dick Burgess van de Universiteit van Utah.

Dit artikel werd gepubliceerd in *Terugkeer* van Stichting Merkawah, 15e jaargang, winter 2004, nr. 4, 22-25, onder de titel "Filosofische kritiek op het computermodel van de geest". De terminologie uit het oorspronkelijke artikel is in deze online versie enigszins aangepast en geactualiseerd.

Toevoegingen uit mei 2005 over spraakverwarring rond de term 'computermodel'

- Naast het wijdverbreide materialistische computermodel van de relatie tussen hersenen geest, is er de laatste tijd ook nog geregeld sprake van een specifiek dualistische of panpsychistische computermetafoor. Hierbij wordt de geest vergeleken met het internet, en de hersenen met een individuele PC die daarop aangesloten is. Het internet kan beinvloed worden door de PC en vice versa, maar het internet is voor zijn bestaan niet afhankelijk van deze of gene computer. Het is vanzelfsprekend zaak om deze dualistische of panpsychistische metafoor niet te verwarren met de bekende computermetafoor van het materialisme.

- Verwerping van de computer als model van de relatie tussen hersenen en geest in de zin van een materialistische ontologie (een materialistische uitwerking van het als zodanig ontologisch neutrale functionalisme) impliceert natuurlijk niet dat je daarmee ook het maken van modellen van geestelijke processen in een computer verwerpt. Het maken van methodische of empirisch-theoretische computermodellen van psychische processen heeft namelijk niets te maken met de ontologische (materialistische) computermetafoor van de relatie tussen hersenen en geest.

Toevoeging van eind mei 2005 over emergentie-materialisme

Naast de besproken vormen van materialisme, het epifenomenalisme en het parallellisme, bestaan er ook nog zogeheten emergentie-materialistische posities zoals van de neuroloog Roger Sperry en de filosoof John Searle. Emergentie-materialisten stellen dat de subjectieve geest neerkomt op een soort holistisch 'niveau' van de hersenen, een mentale realiteit die daar als het ware uit opduikt ('emergeert') maar zonder ook echt als een *niet-fysieke* realiteit te bestaan. Over het algemeen brengen deze posities een verwerping van het computermodel van de geest met zich mee, zodat ze niet in dit artikel opgenomen zijn. Maar desondanks zien de aanhangers ervan ze doorgaans wel als vormen van materialisme.

Nu kun je ook het emergentie-materialisme gemakkelijk logisch onderuit halen. In feite heb je twee hoofdvarianten van emergentisme: emergentie-materialisme dat erkent dat er kwaliteiten bestaan die niet reduceerbaar zijn tot kwantitatieve patronen, maar niet dat er ook nog zoiets als subjectiviteit bestaat, en het emergentie-materialisme van bv. Searle dat ook subjectiviteit erkent. De eerste variant is eenvoudig te weerleggen doordat kwaliteiten in een zuiver kwantitatief beschrijfbare fysieke werkelijkheid alleen maar *kunnen* bestaan uit kwantitatieve patronen. Ze kunnen hoogstens verschillen van andere kwantitatieve patronen door de complexiteit van hun organisatie, maar niet doordat ze opeens eigenschappen bezitten die niet neer zouden komen op holistische, maar nog steeds zuiver fysieke aspecten van zuiver kwantitatieve patronen. Dennett en Hofstadter hebben in hun *The Mind's I* terecht aangegeven dat alle kwaliteiten in een zuiver fysieke realiteit uiteindelijk volledig opgebouwd zijn uit kwantiteiten en dat een holistische visie op kwaliteiten niets *meer* dan een abstracte beschouwing van die kwantitatieve patronen kan behelzen.

De tweede variant is zo mogelijk nog onverenigbaarder met de notie dat de geest volledig opgebouwd is uit hersenprocessen. Net als de identiteitstheorie stelt ze namelijk dat de geest objectief bestaat uit niet-subjectieve materie en zich toch onreduceerbaar als subjectief manifesteert. Zoals we in bovenstaand artikel hebben gezien, kunnen we alleen weet hebben van subjectieve ervaringen als die echt (en niet slechts schijnbaar) als zodanig bestaan en een objectieve invloed uitoefenen op de werkelijkheid. Dit betekent dus dat de geest *ofwel* niet echt subjectief is, *ofwel* niet echt bestaat uit niet-subjectieve fysieke processen. Een subjectiviteit die echt (en niet slechts schijnbaar) wil bestaan is nu eenmaal niet op te vatten als een holistisch, emergent aspect van niet-subjectieve processen, d.w.z. een fenomeen dat die fysieke processen volledig zou omvatten en eruit opgebouwd zou zijn. Bewustzijn in de zin van qualia bestaat niet uit onbewuste hersenprocessen.

Daarmee vormen ook de emergentie-materialistische posities geen serieuze bedreiging voor een rationeel dualisme.

Artificiële Intelligentie en ontologisch dualisme

Inleiding

Zoals ik elders heb betoogd is de aard en werking van de persoonlijke geest *niet* op te vatten als een natuurlijke equivalent van de zuiver computationele processen in een pc. Dit komt enerzijds omdat subjectieve kwalitatieve ervaringen oftewel *qualia* nu eenmaal niet opgevat kunnen worden als niet-subjectieve rekenprocessen, of die nu plaatsvinden in een brein of in een kunstmatig systeem. En anderzijds omdat qualia causale invloed uitoefenen op cognitieve processen, omdat we er anders letterlijk geen weet van konden hebben.

Het succes van de kunstmatige intelligentie

Wil dit nu zeggen dat een afwijzing van het computermodel van de geest ook impliceert dat je kunstmatige intelligentie naar het rijk der fabelen moet verwijzen? In een specifiek opzicht natuurlijk wel. De menselijke geest is namelijk persoonlijk, kwalitatief en subjectief en zijn intelligentie hangt daar noodzakelijkerwijs direct mee samen. In de alledaagse zin is dit type het enige 'echte' soort intelligentie, d.w.z. de intelligentie van subjectieve wezens.

In een andere betekenis van de term is het evident dat computerprogramm's tegenwoordig heel 'intelligent' zijn. Schaakcomputers kunnen bijvoorbeeld grootmeesters verslaan en intelligente robots zijn in staat strategieen te ontwerpen die zo goed mogelijk aansluiten bij hun omgeving. Het zou regelrecht absurd zijn om dit te ontkennen. Net zoals een eenvoudige calculator al kan rekenen, zo kan een krachtige computer de meest ingewikkelde computationele bewerkingen uitvoeren. Zolang we in de gaten houden wat we met 'kunstmatige intelligentie' in dit verband bedoelen, is er niets op tegen om deze term te gebruiken. Computers zijn in staat om complexe berekeningen uit te voeren en hun vermogen zal in de toekomst alleen nog maar toenemen. Ze zullen de mens op den duur waarschijnlijk computationeel ook ver achter zich laten.

Computers zullen ooit (al dan niet ingebouwd in robots) in staat zijn om alle mogelijke in formele termen ontleedbare sensorische, denk- en psychomotorische processen na te bootsen, d.w.z. zolang er maar geen qualia bij die processen komen kijken.
Dit is ontologisch alleen een probleem voor mensen die menen dat geestelijke processen niets wetmatigs kennen en dus ook niet gedeeltelijk nagebootst kunnen worden buiten een subjectieve geest zelf. Een dergelijk *totaal indeterminisme* hoort helemaal niet

intrinsiek bij het dualisme in de filosofie van de geest.

Successen van de AI zijn zo volkomen verenigbaar met de ontologie van het dualisme. Ook dualisten kunnen dus blij zijn met de verdere ontwikkeling van de veredelde rekenmachines die computers feitelijk zijn, aangezien deze de kwaliteit van het leven van mensen kunnen verhogen. We hebben slechts moeite met de absurde aanspraken van aanhangers van de 'harde' AI die werkelijk stellen dat computatie ook bij de subjectieve geest en zijn intelligentie het hele verhaal is.

Neurale netwerken
Sommige geleerden die zich toeleggen op kunstmatige intelligentie beweren dat de toekomst op dit terrein bij de nabootsing van zogeheten neurale netwerken ligt. In tegenstelling tot andere modellen zouden dergelijke netwerken nauwer aansluiten bij de werking van het brein. Heeft dit gevolgen voor de verhouding tussen dualisme en AI? Nee, want ook de theorie van neurale netwerken kan het optreden en de causale inwerking van qualia in het geheel niet verdisconteren. Het maakt dus geen enkel verschil op dit punt.

Zie ook: *Geesten met of zonder lichaam: pleidooi voor een personalistisch dualisme* (Lulu.com)

Online artikel, oorspronkelijk gepubliceerd op de verdwenen site *Kritisch*, in April 2005.

Dualisme, seksualiteit en sekse

Inleiding
Het woord 'platonisch' heeft een filosofische achtergrond. Het verwijst naar de Griekse filosoof Plato die Socrates in verschillende dialogen uitspraken laat doen over het verschijnsel liefde. Plato wordt gezien als een van de grootste dualisten in de westerse filosofie en dat het woord "platonisch" nu juist naar hem vernoemd is, geeft aan hoe veel dualisten na hem zich hebben verhouden tot seksualiteit.
Dit is op zich niet helemaal terecht want Plato ging zelf niet uitsluitend uit van de waarde van liefde in platonische vorm.
In de lijn van het platonisme (althans, bepaalde interpretaties daarvan) en vooral ook het neo-platonisme hebben denkers zich vaak erg laatdunkend over geslachtelijkheid uitgelaten. In het vroege christendom bestond er een anti-seksuele beweging die nog verder ging en bijvoorbeeld leidde tot gevallen van "heiligen" die zichzelf castreerden. Is dit werkelijk de enige houding die men als dualist kan aannemen ten opzichte van seksualiteit en hoe staat het met zoiets als "romantische" liefde of sekse-identiteit?

Persoonlijke ontwikkeling

Genoemde vraag is meer dan een academische kwestie voor mij geweest. Om de een of andere reden ben ik er zelf in mijn huidige incarnatie altijd van overtuigd geweest dat de eigenlijke, innerlijke mens onzichtbaar was en niet gelijkgesteld kon worden aan zijn lichaam. Ik was met andere woorden al dualist voordat ik het woord leerde kennen in dit leven. Dat heeft mij onder meer geholpen om ook nadat ik mijn katholieke geloof had verloren vast te houden aan de overtuiging dat het na de dood niet afgelopen is met onze ziel.

Toen ik op een gegeven moment rond mijn 18e/19e jaar serieus ging werken aan een eigen wereldbeeld, realiseerde ik me dat er in ieder geval binnen de mij bekende kaders steeds een duidelijk verband bestond tussen dualisme en een meer of minder vijandige houding ten opzichte van seksualiteit. In feite bestond deze houding (in ieder geval impliciet) ook in grote mate in de Rooms-Katholieke wereld waarin ik dit keer was grootgebracht. Om me af te zetten tegen deze wereld ging ik daarom niet zoals de meeste mensen ruimdenkender met seksualiteit om dan de katholieken, maar juist nog afwijzender.

Ik verkondigde enkele jaren lang zelfs openlijk in woord en geschrift dat seksualiteit alleen voor de voortplanting mocht bestaan en dat het beter zou zijn als zij zelfs op dat punt overbodig zou worden. Vanuit mijn toenmalige filosofie besloot ik me zeer radicaal te onthouden van elke vorm van seksualiteit. Zolang ik hier zelf in geloofde en emotioneel op andere gebieden in evenwicht was, kostte het me opmerkelijk weinig moeite om me seksueel te onthouden. Deze periode van radicale onthouding of "kuisheid" zoals ik het noemde, bevestigde me ook in mijn opvatting dat de geest onder veel omstandigheden in staat is om de seksuele drijfveren volledig onder controle te houden. Bovendien kwam ik als een soort buitenstaander tot de conclusie dat in feite alle vormen van seksualiteit even "fout" zijn, beschouwd binnen een anti-seksuele filosofie. Er is namelijk geen intrinsiek onderscheid tussen die vormen te maken als je tegen alle (vanuit de voortplanting) niet-functionele seksualiteit bent. (Let wel: de onthouding leidde in mijn geval niet tot een verandering van mijn oude oriëntatie voorafgaand aan die onthouding; er is in die zin geen sprake van een "ontsporing" of iets dergelijks zoals die bijvoorbeeld wel wordt toegeschreven aan een verplicht celibaat.)

Dit leidde uiteindelijk paradoxaal genoeg tot een grote seksuele tolerantie jegens mijn sociale omgeving. Na jaren onthouding schreef ik vanuit deze context een artikel over kuisheid dat gepubliceerd werd in Prana, hoewel dit pas gebeurde nadat ik al weer minder negatief tegenover seksualiteit was gaan staan. Dit leverde daarom volgens mij een zeer evenwichtig artikel op waarin het verschil tussen preutsheid en kuisheid (gezonde onthouding) centraal staat. Inmiddels had zich namelijk een verandering in mij voltrokken gerelateerd aan verschillende crises in mijn leven die op zich niets te maken hadden met seksualiteit. Dit bracht een oude neiging bij me terug om spanning en stress af te laten vloeien door middel van masturbatie. Aanvankelijk raakte ik hierbij regelrecht in paniek doordat mijn handelen niet langer in balans was met mijn filosofie (en nog minder met mijn vroegere "donderpreken" op dat gebied). Maar uiteindelijk loste ik dat op door seksualiteit niet langer, zoals veel dualisten hebben gedaan, op te vatten als een soort gevaarlijke verleider waarmee de ziel vastgeketend wordt aan de materie, maar enkel als een onschuldige bron van sensueel vermaak, die overigens ook gebruikt kan worden als uiting van liefde. Gecombineerd met de tolerantie die ik over had gehouden aan mijn vroegere houding dat alle seks "één pot nat" was werd ik zo uiteindelijk een fervent voorstander van seksuele hervorming. Daarbinnen vind ik het overigens zeer belangrijk dat gezonde kuisheid als keuze-mogelijkheid erkend blijft.

Dualisme en seksueel genot
Bepaalde materialistische, hedonistische stromingen zien seksualiteit en erotiek niet als vormen van sensualiteit waar men ook buiten zou kunnen (om gezonde redenen, zoals karakter of religie) maar als de

belangrijkste of zelfs enige doelen in het leven. Aanhangers van deze stromingen ervaren zichzelf als identiek aan hun lichamen en hun lichamen als een soort genotsmachines. Mijn opvatting van dualisme is onverenigbaar met het reductionisme binnen het materialistisch hedonisme, en bovendien wijst het de identiteit van lichaam en ziel natuurlijk radicaal af. Het lichaam is echter inderdaad ook binnen mijn dualisme een "genotsmachine" naast een vervoermiddel, een communicatiemiddel, een middel om schoonheid mee te ervaren en te creëren, een middel om te leren, etc.

Dualisme is dus in mijn visie wel degelijk verenigbaar met een positieve waardering van lichamelijk genot en daarmee ook van seksueel genot, mits deze waardering de andere waarden van het leven niet in de weg staat (in de vorm van een verslaving). Interessant is in dit verband het gegeven dat de Maya's geloofden in reïncarnatie en de terugkeer naar de materiële wereld beschouwden als een gelegenheid om weer te kunnen genieten van sensualiteit, waaronder ook seks. Binnen het spiritisme bestaan er verschillende opvattingen over seksualiteit. Meestal worden er een verband gelegd tussen "oversekst" zijn en een toestand van "aardgebondenheid". Er zijn echter ook geschriften waarin gesproken wordt van seksualiteit in een ontlichaamde staat (sic). Waldo

Vieira noemt in zijn Projeciologia (uitgegeven in eigen beheer) in dit verband de mogelijkheid dat twee zielen in uitgetreden staat een soort seks met elkaar beleven die later ook tot lichamelijke seksualiteit kan leiden. (In Nederland zien we het concept van erotiek tijdens een uitgetreden toestand vooral in werken van Constantia alias Sten Oomen.) We hebben hier te maken met een ontegenzeggelijk dualistisch concept dat haaks staat op de gebruikelijke link tussen dualisme en afwijzing van seks. Verschillende stromingen die de identiteit van lichaam en ziel ontkennen, zoals varianten van tantra, passen overigens diverse seksuele rituelen toe als onderdeel van hun spirituele programma.

De conclusie moet dan ook zijn dat er werkelijk geen intrinsiek of eenduidig logisch verband bestaat tussen dualisme en seksuele onthouding. Er zijn ook voor de radicale dualist zeer verschillende mogelijkheden om zich tot seksualiteit te verhouden.

Het is natuurlijk goed denkbaar dat persoonlijke evolutie over verschillende levens van zelf uiteindelijk leidt tot de wens tot radicale seksuele onthouding. De praktijk van het nieuwe dualisme moet daar inderdaad de ruimte voor blijven bieden maar zonder dat die onthouding automatisch aan iedereen nu al bindend voorgeschreven wordt.

Schoonheid en identiteit

We hebben nu gezien dat een dualist van seks kan genieten zonder in strijd te raken met zijn of haar filosofie. Maar dat wil niet zeggen dat je als dualist ook zo maar de gangbare opvattingen rond seksualiteit kunt overnemen. Hoezeer je ook van iemands lichamelijke schoonheid kan genieten, je kunt die uiterlijke schoonheid nooit in haar geheel opvatten als uiting van innerlijke schoonheid. Daarbij kun je als dualist nooit iemand afkeuren om zijn of haar lichamelijke gebreken. Dat betekent dat het vanuit het dualisme een slechte zaak is als schoonheid en seksuele aantrekking de hoofdrol (blijven) spelen in relaties die verder gaan dan puur seksuele relaties. Ook betekent het dat schoonheid alleen geen goede basis is voor het aangaan van ruimere relaties. Lichamelijke schoonheid is vergankelijk. Bij een vrouw van 80 is er zelden of nooit iets over van de frisse, welgevormde gestalte die zij als meisje misschien had. Een grijsaard van 90 lijkt doorgaans lichamelijk (qua uiterlijk) nauwelijks meer op de vitale jongeling die hij eens was. De persoon van wie het lichaam verandert en tenslotte sterft en vergaat, blijft volgens het personalistische dualisme echter al die tijd een en dezelfde. Als je dus echt van iemand houdt, dan zijn de veranderingen van het lichaam niet van belang voor je liefde voor die persoon. Wellicht wel voor de seksuele aantrekking die je tot die persoon voelt, maar niet voor de liefde. Liefde betreft iemands geest of ziel en niet diens lichaam, tenzij als voertuig en instrument van die ziel. Dit inzicht is volgens mij, in tegenstelling tot onthouding, zeker iets dat intrinsiek bij het dualisme hoort. Er is niets op tegen om zuiver of primair seksuele gevoelens te beleven als reactie op (subjectief beleefde) lichamelijke schoonheid of gratie, zolang die seksuele beleving maar wel scherp onderscheiden blijft van persoonlijke genegenheid. Het is niet nodig om seksualiteit om de seksualiteit - of het nu gaat om solo-activiteiten of om interacties met anderen - te verdoemen of te problematiseren. Alleen de *verwarring* tussen zuiver of primair seksuele aantrekking en persoonlijke liefde (waarbij eventueel seksuele elementen ingezet kunnen worden als middel) is werkelijk problematisch.

Iets dergelijks geldt ook voor de waardering die je voor jezelf voelt. Het is voor een dualist absurd om je eigenwaarde te baseren op de schoonheid (of het ontbreken daarvan) van je lichaam. Je mag de eventuele schoonheid daarvan waarderen als esthetisch gegeven of als bron van genot, maar het is dwaas om haar op te vatten als criterium voor de eigenlijke waarde van jezelf als persoon. Concreet betekent dit dat het geen kwaad kan als iemand als Laetitia Casta haar (eventuele) lichamelijke schoonheid waardeert, tentoonstelt of zelfs inzet voor haar carrière, maar dat het absurd is als een andere vrouw zichzelf pas kan waarderen als haar gezicht en figuur die van een Casta "voldoende" benaderen. (Dit geldt in het geval van doorsnee [super]modellen m/v, en uiteraard ook in het geval van erotische modellen en 'pornstars'. Jonge mensen die op welke manier ook met dit fenomeen in aanraking komen, dienen hiervan voldoende doordrongen te raken om complexen te voorkomen.)

De oplossing van dit probleem wordt soms gezocht in een afwijzing van elke vorm van erotische aantrekking buiten een liefdevolle relatie, maar dit komt in feite neer op een ontkenning van de dynamiek van seksuele gevoelens. Seksuele gevoelens vormen nu eenmaal bij de meeste mensen geen verschijnsel dat zich pas kan manifesteren als er sprake is van een diepe persoonlijke liefde. Men kan uiteraard bewust kiezen voor persoonlijke erotische trouw, maar het is mijns inziens absurd om het bestaansrecht van vormen van seksuele gevoelens en handelingen buiten liefde (voor anderen) om ter discussie te stellen.

Iets dergelijks geldt ook voor erotische voorkeur. Er is veel voor te zeggen om erotische voorliefdes op te vatten als een soort smaak. Zolang de smaak zelf niet inherent verbonden is aan het benadelen van andere mensen of dieren, is elke voorkeur een onderdeel van de persoonlijkheid dat anderen onvoorwaardelijk dienen te respecteren als uiting van iemands eigenheid en persoonlijke vrijheid. Een erotische voorkeur kan tussen mensen 'discrimineren' (in de zin van: een onderscheid maken) op basis van kenmerken zoals geslacht, gelaatstrekken, figuur en specifieke esthetische verhoudingen, huidskleur, kleur haar, lengte of leeftijd, maar ook op basis van persoonlijkheidsfactoren, uitstraling, normen en waarden en gedragspatronen. Dit is echter geen kwalijke vorm van 'discriminatie'. Het is een neutraal verschijnsel dat logisch volgt uit het bestaan van voorkeuren überhaupt. Als men bepaalde kenmerken aantrekkelijker vindt dan de afwezigheid daarvan, betekent dit nu eenmaal automatisch dat men zich minder of helemaal niet (zuiver of primair) erotisch aangetrokken zal voelen tot mensen zonder die kenmerken (tenzij vanwege een reeds aanwezige persoonlijke liefde die zich ook erotisch zou kunnen uiten). Dit is net zo kwalijk als wanneer mensen bijvoorbeeld meer van koffie dan van thee houden of zelfs helemaal nooit thee drinken.

Relationele 'discriminatie' tussen mensen wordt pas kwalijk als men bepaalde mensen bij voorbaat uitsluit van (platonische) genegenheid doordat die mensen erotisch niet aantrekkelijk voor de persoon in kwestie zijn. Men hoeft met andere woorden geen 'panseksuele' oriëntatie na te streven, maar slechts open te staan voor liefde en vriendschap ongeacht de aanwezigheid van een eventuele erotische 'match'.

Sekse en identiteit

Nog belangrijker dan de vraag of de schoonheid van het lichaam correspondeert met innerlijke schoonheid, is de vraag of er zoiets is als een "eigenlijk", psychisch geslacht. Als dit zo is, dan zouden we in het reïncarnatie-onderzoek bij gevallen van wisseling van sekse verwachten dat kinderen die in een vorig leven een andere sekse hadden altijd ontevreden zijn met de huidige sekse. Dit is echter niet het geval. Veel kinderen die zich een vorig leven herinneren als lid van de andere sekse vertonen weliswaar vaak kenmerken en neigingen die in hun cultuur gekoppeld zijn aan die andere sekse. Ook zijn er binnen het reïncarnatie-onderzoek gevallen bekend die sterk doen denken aan sommige gevallen van transseksualiteit. Zo vertoonde een jong Birmees meisje (uit het huidige Myanmar) dat zich een vorig leven herinnerde als Japanse soldaat, Ma Tin Aung Myo, een "extreme jongensachtigheid." Zij stond erop jongenskleren en een jongenskapsel te dragen. Dit leidde tot problemen op school en daarom bleef ze daar al vanaf haar elfde jaar weg.

Dr. Ian Stevenson zegt in dit verband dan ook onder meer:

"De verwarring rond hun sekse-identiteit die respondenten gewoonlijk vertonen die zich een leven herinneren als iemand van het andere geslacht, maakt het me mogelijk om te veronderstellen dat wellicht [ook] de conditie van andere personen die lijden aan een sekse-identiteit verwarring (...) stamt uit vorige levens als leden van de andere sekse. (...) Dit zou misschien zelfs kunnen optreden als de persoon in kwestie geen bewuste herinneringen heeft aan een vorig leven."

De meeste kinderen die zich een vorig leven herinneren als lid van het andere geslacht vertonen op dit punt echter zoals gezegd op den duur geen identiteitscrisis. Dit maakt dat we ook de gevallen waarin dit wél gebeurt waarschijnlijk niet moeten toeschrijven aan een eigenlijk, constant blijvend psychisch geslacht. In plaats daarvan lijkt de innerlijke sekse in dit soort gevallen juist bij uitstek gelieerd aan het zogeheten "gender", dat wil zeggen aan het idee dat men van de eigen sekse-identiteit heeft.

Sekse in psychische zin lijkt met andere woorden een constructie en geen ultieme realiteit. Die constructie kan blijkbaar heel sterk zijn en dan soms zelfs leiden tot gevallen van transseksualiteit. Dit wil echter helemaal niet zeggen dat zulke gevallen zouden bewijzen dat de persoonlijke ziel een onontkoombare, constante geslachtelijke identiteit zou hebben. Het voorgaande wordt ook nog eens geïllustreerd door het gegeven dat niet alle vormen van transseksualiteit hun oorsprong lijken te vinden in een vorig leven. Zo meldt Dr. Manfred Höppner in verband met de Oost-Duitse sportwereld dat "sommige coaches onverantwoord hoge doses testosteron toedienden. Kogelstootster Heidi Krieger ondervond daar de gevolgen van. De Europees kampioene van 1986 voelde zich steeds minder thuis in haar vrouwenlichaam. Een paar jaar geleden onderging ze een operatie om haar geslacht te veranderen. Ze heet nu Andreas Krieger; een verlegen jongeman die in een dierenwinkel in Berlijn werkt."

Sekse-identiteit is zo te zien dus geen essentieel verschijnsel maar het heeft primair te maken met constructies gebaseerd op ervaringen of zelfs op zoiets banaals als de somatopsychische gevolgen van de aan- of afwezigheid van bepaalde hormonen. Juist het dualisme is goed in staat om dit gegeven naar waarde te schatten. Het lichaam is een instrument van de ziel en als die ziel iets aan dat lichaam wil veranderen, zelfs waar het sekse betreft, dan is dat een wens die men evenzeer moet respecteren als elke andere wens die te maken heeft met de dynamische (in plaats van statische) constructie van de eigen identiteit. Idealiter geeft iedereen zelf vorm aan de eigen sekse-identiteit, ook als dit een geslachtsverandering met zich meebrengt.

Sekse en liefde

Een en ander heeft ook gevolgen voor de opvatting van romantische liefde. Als de mentale, subjectieve sekse slechts een constructie is, in hoeverre doet dit dan afbreuk aan romantische liefde? Het antwoord luidt volgens mij dat dit alleen van belang is voor zover de sekse centraal staat binnen die liefde. In de praktijk betekent dit dat het slechts verschil uitmaakt voor uiterlijk gerichte liefde. Echte persoonlijke liefde draait om de innerlijke persoon en dus niet primair om diens sekse. Een dualistische opvatting van persoonlijke liefde zoals ik die voorsta leidt daarmee ook tot een radicale ontkoppeling van seks en liefde. Seks kan een rol spelen binnen een liefdesrelatie (als een soort poort daartoe of expressie daarvan), maar er bestaat geen enkel logisch verband meer tussen beide verschijnselen zodra je weet dat iemand geen uiteindelijke psychische sekse heeft. Een seksuele relatie kan daarom in de praktijk soms niet of nauwelijks iets te maken hebben met liefde en de diepste liefdesband kan ook volledig losstaan van seksualiteit. Van iemand houden staat niet gelijk aan verlangen naar seksueel contact met die persoon.

Een grote bonus van deze ontkoppeling is daarbij dat het ons als dualisten mogelijk maakt om te geloven in het ideaal van eeuwige persoonlijke liefde, zelfs over de dood en over eventuele fysieke sekse-veranderingen (na reïncarnatie) heen.

Dit artikel werd geschreven voor de site txtxs.nl en geactualiseerd in 2012.

Sekse zit tussen de oren: maar heeft de ziel wel een geslacht?

Een van de eerste dingen waar men een kind bewust van maakt, is dat het een jongetje of een meisje is. In lichamelijke zin geeft dit in de meeste gevallen geen problemen.
Er zijn overigens wel uitzonderingen, zoals die van de Duitse tennisster Sarah Gronert, geboren met zowel mannelijke als vrouwelijke geslachtskenmerken. Maar de fysieke sekse valt lang niet altijd samen met het geslacht waar iemand zichzelf toe rekent (Engels: *gender*), de zogeheten gender-identiteit. Jongens kunnen zich al vanaf hun vroegste jeugd een meisje voelen en vice versa. Verschijnselen zoals transseksualiteit en transgenderisme zijn de laatste jaren steeds bekender geworden. Bij transseksualiteit voelt iemand bijvoorbeeld het verlangen om ook fysiek bij het andere geslacht te gaan horen. Het verschijnsel wordt vaak verklaard vanuit een afwijkende hormonale huishouding tijdens de zwangerschap. Terwijl de geslachtsorganen bepalen of je lichamelijk een man of vrouw moet heten, zou de gender-identiteit te maken hebben met de foetale ontwikkeling van het brein. Het is niet uit te sluiten dat hormonen (en mogelijke andere fysiologische factoren) inderdaad een rol spelen. Parapsychologisch reïncarnatie-onderzoek doet echter vermoeden dat er

ook nog iets anders aan de hand kan zijn. Er zijn gevallen van kinderen met herinneringen aan een vorig leven als iemand van het andere geslacht.

'Sex change'-gevallen

De meeste kinderen met bewuste reïncarnatieherinneringen hebben het over een leven waarin ze hetzelfde geslacht hadden als in de huidige incarnatie. Maar er zijn genoeg uitzonderingen. Zoals het geval van Nicola uit Engeland die nog wist dat ze een jongetje was geweest. Ze speelde destijds als peuter met een hond bij een spoorlijn. Het is een van de beste Europese casussen, omdat men het historische bestaan van de jongen heeft kunnen verifiëren. Of de casus van Ma Tin Aung Myo uit Myanmar, het voormalige Birma. Zij stond erop dat ze voortdurend jongenskleren en een jongenskapsel mocht dragen. Ze beweerde de reïncarnatie van een mannelijke Japanse soldaat te zijn. Helaas reageerde men op school niet zo positief op dit gedrag, zodat ze daar reeds vanaf haar elfde wegbleef. Of het verhaal van Gnanatilleka Baddewithana uit Sri Linka over een incarnatie als de jongen Tillekeratne. Merkwaardig genoeg bleek deze Tillekeratne toen hij reeds op 14-jarige leeftijd stierf 'vrouwelijk' gedrag te hebben ontwikkeld. Zo ging hij liever om met meisjes dan met jongens en hij had een grote interesse in mooie gewaden en in het lakken van zijn nagels.

Gnanatilleka viel in deze incarnatie juist op omdat ze mannelijker leek dan andere meisjes. Zij stelde zelf trouwens dat ze nu gelukkiger was als meisje, dan vroeger als jongen, toen ze nog Tillekeratne heette. De Braziliaanse casus van Paulo Lorenz lijkt een soort spiegelbeeld van die van Ma Tin Aung Myo. Paulo herinnerde zich het leven van zijn eigen zus Emilia. Deze jonge vrouw had zo'n anderhalf jaar voor zijn geboorte zelfmoord gepleegd. Ze had zich namelijk tezeer ingeperkt gevoeld door het feit dat ze vrouw was. Van tevoren had ze reeds aangekondigd dat ze – wanneer reïncarnatie echt bestond – terug zou keren als jongen. Na zijn geboorte bleek Paulo consequent weigeren jongenskleren te dragen. Hij wilde alleen meisjeskleding aan en speelde ook het liefst met meisjes en poppen. Daarbij liet hij op verschillende manieren merken dat hij de reïncarnatie van Emilia was. Net als zij gaf Paulo bovendien blijk van een uitzonderlijke gave voor naaiwerk zonder daar ooit les in te hebben gekregen. Zijn sterke identificatie met het vrouwelijk geslacht werd na verloop van tijd wel minder, maar rond zijn veertigste bezat hij toch nog steeds meer 'vrouwelijke' trekjes dan gemiddeld.

In het algemeen zegt reïncarnatieonderzoeker Ian Stevenson over dit type casussen onder meer:

"De verwarring rond hun sekse-identiteit die respondenten die zich een leven herinneren als iemand van het andere geslacht gewoonlijk vertonen, biedt me de mogelijkheid te veronderstellen dat wellicht [ook] de conditie van andere personen die lijden aan een gender-identiteit verwarring (...) stamt uit vorige levens als leden van de andere sekse. (...) Dit zou misschien zelfs kunnen optreden als de persoon in kwestie geen bewuste herinneringen heeft aan een vorig leven."

Sekse en innerlijk

Deze *sex change*-casussen laten zien dat lichaam en ziel niet altijd overeenstemmen als het op sekse aankomt, terwijl dit duidelijk een geestelijke en geen hormonale oorzaak heeft. Het is, zoals Stevenson aangeeft, te verwachten dat dit niet alleen geldt voor kinderen met bewuste herinneringen aan een vroegere incarnatie. Betekent dit nu ook dat de gender-identiteit een constante is? Met andere woorden: is ieder van ons op zielenniveau in essentie vooral mannelijk, vrouwelijk of een vaste mix daarvan? Ik vind het zelf waarschijnlijker dat gender niet inherent bij een ziel hoort, maar gedurende de verschillende incarnaties steeds weer opnieuw bepaald wordt. Naarmate iemand zich sterker identificeert met zijn geslacht in het ene leven, wordt de kans groter dat die gender-identiteit bewust aanwezig blijft in zijn volgende incarnatie. Mogelijk werkt dit zelfs cumulatief: hoe meer levens je leidt als lid van dezelfde kunne, des te groter de kans dat je je daar mee identificeert. Dit betekent ook dan echter niet dat het geslachtelijke zelfbeeld nooit meer bijgesteld kan worden. Het is eerder een kwestie van gradatie. Voor het model van een veranderlijke, niet-constante gender-identiteit pleit onder meer het volgende. De meeste kinderen die in een vorig leven een andere sekse hadden, accepteren vroeg of laat hun huidige lichamelijke geslacht. Zij vertonen op dit punt op den duur dus geen identiteitscrisis meer. Dit is moeilijk te plaatsen als een bepaalde sekse onvervreemdbaar bij hun ziel zou horen.

Relativering
Gelukkig komt men er steeds meer achter dat iemands man- of vrouw-zijn psychologisch gezien lang niet zo lang belangrijk is als men vroeger dacht. Er zijn bijvoorbeeld veel overwegend 'vrouwelijke' heteroseksuele mannen en 'mannelijke' heteroseksuele vrouwen. Bovendien hebben we *allemaal* tot op zekere hoogte een mix aan masculiene en feminiene persoonlijkheidseigenschappen. (Nog afgezien van het feit dat de indeling van zulke eigenschappen primair gedefinieerd wordt door sociale en culturele normen.) Natuurlijk is niet iedereen daar gelukkig mee, getuige bijvoorbeeld de 'mannenpraatgroepen' waarin men op zoek gaat naar de oer-man in zichzelf.

Als je het goed beschouwt, is het nogal merkwaardig om überhaupt te geloven in een 'eigenlijk', spiritueel geslacht dat voor eeuwig bij je hoort. De fysieke sekse is immers een fenomeen dat evolutionair beschouwd ontstaan is ten dienste van de voortplanting. Het dient op zichzelf niet (althans niet primair) de spirituele evolutie, maar de voortzetting van het biologische leven. Natuurlijk identificeren de meeste mensen zich met een bepaald geslacht. Maar dat is op zich nog onvoldoende reden om te concluderen dat die sekse ook echt inherent bij hen hoort. Zelfs voor erotische liefde hoeft de relativering van geslachtelijkheid geen onoverkomelijk beletsel te zijn. Er zijn stellen die ook na een transseksuele operatie nog bij elkaar blijven.

Zingeving en begrip

Wat betekent dit voor onze omgang met gender-identiteit? Vooral dat we er maar beter niet al te zwaar aan moeten tillen. Het gaat er niet om of je meer of minder vrouwelijk of mannelijk of juist androgyn in het leven staat. Het gaat erom dat je *zinvol en integer* in het leven staat, zowel jegens jezelf als naar anderen toe. Dat kan doordat je uiting geeft aan bepaalde waarden die in je cultuur bij een bepaalde sekse horen. Maar je hoeft je wat dat betreft niet voor altijd vast te leggen en er zijn talloze concrete combinaties denkbaar. Overigens impliceert dit ook weer niet dat je *verplicht* bent elke identificatie met een bepaalde sekse los te laten. Er is dus niets mis met mensen die hun fysieke geslacht willen aanpassen aan hun gender-identiteit. Zij identificeren zich eenvoudigweg met een geslacht waar alleen hun lichaam nog niet aan beantwoordt. Ze verdienen daarom alle begrip voor hun worsteling, welk besluit ze ook nemen. Hoe afgezaagd dat ook moge klinken: laten we ieder in zijn of haar waarde laten. Er is spiritueel gezien ruimte genoeg voor verscheidenheid, ook op dit gebied.

Literatuurverwijzingen

- Rawat, K.S., & Rivas, T. (2009). *Reincarnation: The Evidence is Building*. Vancouver: Writers Publisher.
- Stevenson, I. (1970). *Twenty cases suggestive of reincarnation*. Charlottesville: University Press of Virginia.
- Stevenson, I. (1977). *Cases of the Reincarnation Type: Vol II. Ten Cases in Sri Lanka*. Charlottesville: University Press of Virginia.
- Stevenson, I. (1987). *Children who remember previous lives: A question of reincarnation*. Charlottesville: University Press of Virginia.

Dit artikel werd in 2009 gepubliceerd in KD en later op txtxs.nl gezet.

Rembrandt van Rijn – Mediterende filosoof

Recensies

Boekbespreking

Stewart Goetz en Charles Taliaferro. *A Brief History of the Soul*. Wiley-Blackwell, 2011. ISBN 978-4051-9632-1.

Er bestaan veel boeken over de filosofie van de geest waarin de ziel ten tonele wordt gevoerd als een achterhaald concept dat geen toekomst meer heeft. Gelukkig verschijnen er steeds meer publicaties die tegen deze dominante visie in durven gaan. Een van de beste nieuwe uitgaven is ongetwijfeld *A Brief History of the Soul* van Goetz en Taliaferro. Anders dan de titel misschien doet vermoeden bieden de auteurs niet slechts een neutraal overzicht van de westerse ideeëngeschiedenis over de ziel. Ze kiezen zelf openlijk partij voor het lichaam-geest substantie-dualisme. Dit houdt onder meer in dat ze beargumenteren dat er werkelijk een ziel is, een onstoffelijk zelf dat al iemands bewuste ervaringen ondergaat en niet gereduceerd kan worden tot het brein. Ook behandelen ze centrale vraagstukken die voor materialisten onoplosbaar zijn zoals de eenheid van het bewustzijn oftewel binding problem, en persoonlijke identiteit. Overigens staan ze hierbij open voor correcties op het moderne cartesiaanse dualisme. Bijvoorbeeld waar ze stellen dat ook dieren geestelijke wezens moeten zijn, aangezien dieren net als mensen naar alle waarschijnlijkheid allerlei subjectieve ervaringen ondergaan. Zelfs het klassieke substantialistische argument voor onsterfelijkheid komt even aan bod.

De auteurs behandelen uiteraard standaardbezwaren tegen het dualisme zoals de aangenomen geslotenheid van de fysieke wereld en de daarmee samenhangende, veronderstelde onmogelijkheid van een wisselwerking tussen lichaam en ziel. Ze staan bovendien stil bij concurrerende theorieën zoals het mensbeeld van John Locke en David Hume, en het zogeheten property dualism.

Het gaat om dus om een systematische, pro-dualistische verhandeling tegen de achtergrond van een beknopte beschrijving van historische ontwikkelingen. Goetz en Taliaferro tonen op die manier aan dat substantialistisch dualisme nog net zo'n respectabele filosofische theorie is als in de tijd van Plato of Descartes.

Het enige wat ik minder geslaagd vind is dat de auteurs voor een deel beïnvloed lijken door Thomas van Aquino, al leveren ze wel expliciet kritiek op zijn type hylemorfisme (een soort mix van aristotelische en platoonse concepten). Ze gaan namelijk uit van een 'integratief' dualisme waarbij mensen tijdens hun leven een ontologische eenheid zouden vormen van lichaam en ziel. In de letterlijke zin is dit echter onmogelijk, omdat je nu eenmaal niet tegelijkertijd een onsterfelijke ziel (geestelijk wezen) kunt zijn die geïncarneerd is in een lichaam dat niet tot haar wezen behoort (zoals bij Plato) èn een wezen dat bestaat uit een intrinsieke eenheid van lichaam en ziel (zoals bij Aristoteles). De Engelsen zouden zeggen: "You can't have your cake and eat it too". Toch is het boek zo goed dat ik zulke inconsequenties op de koop toe heb genomen. Dit betekent overigens niet dat *A Brief History of the Soul* bij iedereen kan aanslaan. Het werk is voornamelijk geschikt voor gemotiveerde lezers met enige bagage op het gebied van de philosophy of mind.

Deze recensie werd gepubliceerd in *Terugkeer 23(2)*, zomer 2012, blz. 15.

Boekbespreking
Lorna Green. *Beyond Chance and Necessity: The Limits of Science and the Nature of the Real*. Lincoln: Writers Club Press, iUniverse, 2003. ISBN 0-595-26493-X.

De Canadese celbiologe en filosofe Lorna Green maakt onderdeel uit van een panpsychistische stroming in de wijsbegeerte die de hele wetenschap wil hervormen. Niet alleen is er volgens Green bij de mens en (andere) dieren sprake van een onstoffelijk bewustzijn, maar elke levende cel en zelfs de hele materie zou volgens haar bezield worden door geest. Ze spreekt van een nieuwe 'copernicaanse revolutie' en laat zich daarbij onder meer inspireren door het schaamteloos reductionistische boek *How the mind works* van Stephen Pinker. De auteur laat zien dat binnen de materialistisch georiënteerde natuurwetenschap alleen toeval en blinde noodzakelijkheid als ordende principes worden erkend. Zij plaatst hier Plato's visie tegenover van een bezielende intelligentie achter de fysieke werkelijkheid, die werkt volgens een vooropgezet, 'kunstzinnig' plan.

Greens panpsychistische programma berust vooral op het gegeven dat we alleen bij onszelf direct toegang hebben tot bewustzijn, terwijl we van andere mensen en dieren alleen de buitenkant kunnen zien. Het is veel aannemelijker dat andere wezens ook bewust zijn, dan dat dit alleen voor onszelf geldt. In feite zou alle materie bezield moeten zijn. Verder onderstreept Green expliciet dat bijna-doodervaringen aantonen dat bewustzijn gescheiden kan worden van het brein. Ze stelt dus wel dat alle cellen van ons lichaam behept zijn met bewustzijn, maar andersom geldt niet dat bewustzijn altijd gekoppeld moet zijn aan een fysiek voertuig.

Wat betreft de reductie van ordenende principes tot alleen toeval en noodzakelijkheid wijst ze op allerlei fenomenen die hier tegenin gaan. Zoals goede daden die niet gereduceerd kunnen worden tot biologische motieven, gevallen van synchroniciteit (zinvol toeval), de speelsheid van de organische evolutie, schoonheid, de kracht van gebed en religieuze emoties. Doordat de wetenschap dit alles al heel lang ontkent, is er wellicht een voedingsbodem ontstaan voor de depressies die onze westerse wereld zo lijken te teisteren.

Vervolgens probeert Green haar panpsychistische monisme nader uit te werken. De hele materie zou zelf voortkomen uit een kosmisch bewustzijn. De manier waarop ze dit beschrijft is helaas nauwelijks te volgen, aangezien ze lijkt te goochelen met termen zoals liefdesbewustzijn en vibraties. In elk geval ziet ze zichzelf voornamelijk als een geestverwante van

Spinoza. Zo probeert ze ook het lichaam-geest dualisme te 'overwinnen'. Hierin slaat ze duidelijk de plank mis doordat ze bewustzijn als een soort vloeistof beschrijft. De hersencellen zouden in contact staan met het bewustzijn doordat 'cellen vloeistof drinken'. Ook stelt ze zonder nadere onderbouwing dat bewustzijn en materie op hun diepste niveau's op hetzelfde neer zouden komen doordat ze allebei uit 'vibraties' zouden bestaan. Bovendien geeft ze zelf aan direct geïnspireerd te zijn door de boodschappen van gechannelde 'entiteiten'. Wel benadrukt ze terecht dat bijna-doodervaringen de identiteitstheorie van hersenen en geest ontkrachten.

Het grootste deel van dit boek bestaat zo uit een mengeling van juiste inzichten, vaak vaag blijvende intuïties en toch ook een aantal onjuiste, zweverig overkomende voorstellingen van zaken. Zo zouden dieren geestelijk voortdurend in en uit hun lichaam treden. En genetisch gemanipuleerd voedsel zou slecht voor de gezondheid zijn omdat het een verward bewustzijn zou bezitten over zijn identiteit als voedsel.

Een volgend deel van haar boek behandelt een soort spirituele groei die de auteur zelfheeft doorgemaakt tijdens haar in totaal bijna zes maanden durende opnames in psychiatrische ziekenhuizen en in een katholiek klooster. In feite is dit een afzonderlijk boek dat slechts door het thema spiritualiteit met de eerste gedeelten verbonden is. Green hangt de thesen aan dat juist de normaliteit gestoord is (wat in bepaalde opzichten natuurlijk moeilijk te loochenen is), dat de sfeer van psychiatrische ziekenhuizen vergelijkbaar is met die van kloosters door de openheid jegens het a-rationele, en dat psychiatrische ziekten bevorderlijk kunnen werken voor iemands geestelijke ontwikkeling. Ze volgt inmiddels zelf een spiritueel pad van de Karmelieten, maar dan wel doorweven met concepten als reïncarnatie.

In het laatste gedeelte van het boek wordt de lezer vergast op veel korte uitspraken, waaruit men vooral kan opmaken dat Green haar filosofie als pre-Sokratisch ziet. Interessant is haar opmerking dat Kant de metafysica als discipline minder gemakkelijk had verworpen (doordat ze schijnbaar zoveel onenigheid opleverde), als hij had gekeken naar de eenstemmigheid van mystici over hun spirituele ervaringen.

Dit boek is met name een document over de denk- en leefwereld van de interessante 'revolutionaire' persoonlijkheid Lorna Green, maar ook los daarvan is het zeker interessant als teken van een tijd waarin het materialisme binnen filosofie en wetenschap steeds minder geloofwaardig wordt.

Deze recensie werd gepubliceerd in *Terugkeer*

15(2-3), zomer-herfst 2004, 47-48.

Boekbespreking

Constantin Karmanov. *Bewustzijn en ruimte*. (Met voorwoord en commentaar van Peter Tillemans). Bergboek, 2005. ISBN 90-805584-3-5.

Constantin Karmanov komt oorspronkelijk uit de voormalige Sovjet Unie en heeft daar onder andere meegewerkt aan grenswetenschappelijk onderzoek naar uittredingen.

In dit boek geeft hij zijn wijsgerige visie op de aard van het bewustzijn en van het subject van dat bewustzijn. Hij wil een monistisch alternatief bieden voor zowel materialisme als het cartesiaanse dualisme. Karmanov stelt daarbij net als Descartes dat ons eigen bewustzijn het enige is waarvan we absoluut zeker kunnen weten dat het bestaat. Het bewustzijn verschilt radicaal van de fysieke werkelijkheid. De auteur stelt terecht dat we in geestelijke zin onzichtbaar zijn. Idealistische varianten van het monisme lijkt hij niet serieus te nemen, omdat hij meent dat de beperktheid van het individuele bewustzijn hoe dan ook moet wijzen op het bestaan van een externe realiteit.

Het merkwaardige - en voor zover ik weet unieke - aan Karmanovs betoog is dat hij stelt dat het bewustzijn meer verwant is aan de ruimte dan aan de materiële deeltjes. Net als de ruimte is het bewustzijn namelijk *niet* gebonden aan localiteit en ook niet reduceerbaar tot fundamentele, oneindig kleine bouwstenen, twee eigenschappen die nu juist *wel* voor de materie zouden gelden. Karmanov houdt het echter niet bij het wijzen op overeenkomsten tussen bewustzijn en ruimte, maar hij durft nog een grote stap verder te gaan. Elk individueel bewustzijn zou volgens hem namelijk een *manifestatie* zijn van de ruimte.

Deze in mijn ogen bizarre gedachte gaat voorbij aan de belangrijke *verschillen* tussen bewustzijn en ruimte. De ruimte is namelijk geen subject, in die zin dat het subjectieve ervaringen zou ondergaan. Bovendien bestaan er allerlei (objectieve) fysieke objecten in de ruimte, en daar is helemaal geen sprake van bij het bewustzijn. In het bewustzijn kunnen bijvoorbeeld wel subjectieve indrukken van materiële voorwerpen voorkomen, maar natuurlijk geen fysieke objecten als zodanig! De door Karmanov gesignaleerde analogie is dan ook zeer onvolledig en biedt volgens mij geen zicht op een houdbaar (en niet-idealistisch) monistisch alternatief voor het dualisme. Bovendien gaat de auteur klaarblijkelijk uit van een subject dat de dood niet kan overleven en rept met geen woord over parapsychologisch onderzoek waaruit volgens nogal wat geleerden nou juist het tegendeel blijkt.

Desondanks vind ik deze bijdrage tot de filosofie waardevol, omdat het weer eens duidelijk maakt hoe absurd het ontologisch materialisme in elk geval is. Bijna elk antwoord op de materialistische dogmatiek geeft een bevrijdend gevoel van 'ruimte'. Overigens is dit boek ook esthetisch een mooie uitgave door afbeeldingen van kunstwerken van Maarten Manson en verhelderende schema's van Peter Tillemans.

Deze recensie werd begin jaren 2000 geplaatst in *Terugkeer.*

Boekbespreking
Andrej Krause. *Bolzanos Metaphysik*. München:
Verlag Karl Alber - Alber Symposion, 2004. ISBN 3-
495-48118-4.

De 19e eeuwse Boheemse filosoof Bernhard Bolzano
is vooral bekend gebleven om zijn logische en
wiskundige werk, maar hij heeft ook verfrissende
metafysische verhandelingen geschreven in een tijd
dat Immanuel Kant de filosofische metafysica reeds
als onhaalbaar had bestempeld. Eén van deze
geschriften is het boek *Athanasia oder Gründe für die
Unsterblichkeit der Seele*, waarin Bolzano stilstaat bij
de vraag of ook het na Kant nog mogelijk is om
analytische argumenten te leveren voor het bestaan
van een geestelijk overleven na de dood.
Bolzano schreef overigens geen algemeen boek over
de metafysica en Andrej Krause heeft daarom
gepoogd zijn ideeën systematisch te reconstrueren.
Dat heeft een publicatie opgeleverd die vooral voor
vakfilosofen en dan nog met name ontologen en
kentheoretici zeer interessant mag heten. Krause gaat
erg grondig en stelselmatig te werk en schuwt daarbij
ook hedendaagse logische notaties niet. Een al te
groot lezerspubliek kan hij op die manier wellicht niet
verwachten, maar wijsgerig gezien mag dit boek niet
ontbreken op de lijst van iemand die serieus
geïnteresseerd is in het werk van Bolzano.

Krause gaat zeer uitgebreid in op de algemene substantie-leer van Bolzano (waaronder het onderscheid tussen een ontologische substantie en haar 'adherenties'), die cruciaal is voor al zijn metafysische geschriften. Een substantie in de ontologische zin is daarbij iets werkelijks wat eigenschappen (adherenties) heeft zonder echter tot die eigenschappen te kunnen worden herleid. Zo is het volgens Bolzano de substantialiteit van de menselijke ziel die maakt dat we uit mogen gaan van haar onsterfelijkheid. De ziel kan namelijk niet in onderdelen uiteenvallen. Uit de analyse van Krause blijkt voorts dat Bolzano een vorm van panpsychisme aanhangt. Al het werkelijke bestaat uit substanties en al die substanties zouden een vorm van voorstellingsvermogen (Vorstellungskraft) bezitten (blz. 171). Het verschil tussen geestelijke en andere substanties, berust daarom ook niet op een al dan niet voorkomen van dit voorstellingsvermogen, maar geestelijke substanties 'heersen' over fysieke substanties (blz. 193). De fysieke substanties evolueren op een gegeven moment tot geestelijke substanties en vallen daarna niet meer terug (blz.200).

Opvallend genoeg lijkt Andrej Krause zelf moeite te hebben met het concept van een onsterfelijke ziel. Zo benadrukt hij de rol van de hersenen voor het psychische functioneren en stelt dat een menselijke ziel die de dood overleeft, niet langer *menselijk* kan zijn, omdat het menselijke lichaam ontbreekt (blz. 231). Toch doet hij zijn best om de argumentatie van Bolzano zelf zo nauwkeurig en eerlijk mogelijk weer te geven.

Verder valt op dat de Boheemse wijsgeer alleen een rechtstreekse inwerking van de ziel op het brein aannam, d.w.z. geen directe psychokinetische invloeden op de overige materie (blz. 269). Daarnaast passeren o.a. ook nog zijn godsdienstfilosofische opvattingen de revue, alsmede het vraagstuk van de vrije wil en zelfs de metafysica van 'engelen'. De auteur is erin geslaagd steeds weer een systematische analyse te combineren met eigen welwillende kanttekeningen.

Deze recensie werd in 2005 geplaatst in *Terugkeer*.

Boekbespreking

Bernard Korzeniewski. *From Neurons to Self-Consciousness: How the Brain Generates the Mind.* New Yok: Humanity Books (Prometheus), 2011. ISBN 978-1-61614-227-8.

Je hoeft de geruchten over wereldwijde omwentelingen in 2012 niet te geloven om toch te beamen dat we in spannende tijden leven. Dat geldt bijvoorbeeld voor de toenemende strijd rondom de theorievorming in de neuro- en cognitiewetenschappen. Veel geleerden hebben nog steeds de neiging om zo reductionistisch mogelijk te blijven in hun theorieën. Aangezien dit per definitie een onjuist mensbeeld oplevert, is het verzet hiertegen groeiende. Binnen dit strijdperk plaats ik een warrig boek als *From Neurons to Self-Consciousness* van de Poolse biofysicus Bernard Korzeniewski. De auteur positioneert zichzelf als 'gematigd reductionist'. Dat betekent met name dat hij tegen een volledige herleiding van de geest tot het brein zou zijn. Zijn eigen inzichten lijken neer te komen op een mix van ondoorzichtig, cybernetisch systeem-denken, achterhaald epifenomenalisme en wellicht nog resten van een 'wetenschappelijk' marxistisch mensbeeld. De auteur stelt bijvoorbeeld dat de geest weliswaar in alle opzichten voortkomt uit de fysiologie van de hersenen maar toch een eigen, strikt epifenomenaal - en dus

311

machteloos - domein vormt. Daarbij zet hij zijn eigen denken af tegen vormen van 'vitalistisch' holisme en uiteraard ook tegen de stelling dat er een onstoffelijke ziel bestaat die de dood kan overleven.

Terwijl ik alleen de eerste hoofdstukken van dit boekje had gelezen, dacht ik nog dat het een nuttige inleiding kon zijn tot een doorsnee materialistische theorie over de verhouding tussen lichaam en geest. Ik werd uit de droom geholpen toen Korzeniewski wel een 'emergente' psychische werkelijkheid bleek te postuleren, maar daarbinnen geen *qualia* (onreduceerbare kwalitatieve aspecten van het bewustzijn) erkende. Verder stelt hij dat binnen de dierenwereld alleen zelfbewuste wezens, zoals mensen, chimpansees en dolfijnen, over een vorm van bewustzijn kunnen beschikken. In Nederland wordt een vergelijkbaar dwaze theorie reeds verkondigd door biologisch psycholoog Bob Bermond en dat lijkt mij alleszins voldoende. Als klap op de vuurpijl relativeert de biofysicus in het een-na-laatste hoofdstuk over 'de cognitieve beperkingen van de mensheid' opeens al zijn tot dan toe geventileerde standpunten! Andere auteurs zouden waarschijnlijk eerder afzien van publicatie. Soms is er bijna geen touw aan een boek vast te knopen zonder dat dit aan de cognitieve beperkingen van de lezer ligt.

Deze boekbespreking is verschenen in *Terugkeer,*

22(2), zomer 2011, blz. 28.

Boekbespreking
Edward F. Kelly, Emily Williams Kelly, Adam
Crabtree, Alan Gauld en Michael Grosso. *Irreducible
Mind: Toward a Psychology for the 21st Century*.
Lanham, etc. : Rowman & Littlefield, 2007. ISBN:
978-0-7425-4792-6.

Anno 2010 hangen veel, zo niet de meeste
hedendaagse filosofen, neurologen en psychologen
(officieel) het materialistische model van de relatie
tussen hersenen en geest aan. Het materialisme is nog
steeds erg dominant, terwijl er al sinds 19e eeuw een
enorme hoeveelheid bewijsmateriaal tegen verzameld
is. Een van de grootheden uit de begindagen van het
wetenschappelijke onderzoek naar zogeheten
paranormale verschijnselen of 'psychical research',
was de Engelsman F.W.H. Myers (1843-1901), van
oorsprong een classicus, dichter en filosoof. Hij
schreef het monumentale werk *Human Personality
and its Survival of Bodily Death*.
Daarin besprak hij veel casussen die aantonen dat de
geest veel verder reikt dan het brein, zoals gevallen
van telepathie, hypnose, meervoudige persoonlijkheid,
automatisch schrijven, en aanwijzingen voor een
leven na de dood. Bovendien ontwikkelde hij de
theorie dat er behalve een waakbewustzijn ook een
veel ruimer 'Subliminal Self' bestaat. Hoewel Myers
zelf nooit een expliciete transmissietheorie van de

relatie tussen hersenen en geest heeft ontwikkeld wordt hij ook gezien als een van de vroegste voorstanders van zo'n theorie.

Het lijvige *Irreducible Mind* uit 2007 bouwt voort op *Human Personality* en bevat achterin zelfs een CD-Rom met de tekst en recensies van dit boek. De auteurs zien zich ook expliciet als erfgenamen van het levenswerk van Myers en een van de negen hoofdstukken, hoofdstuk 2, is zelfs uitsluitend aan hem gewijd. Dit heeft vooral te maken met het gegeven dat de auteurs zijn gedachtegoed opvatten als een veelbelovend theoretisch raamwerk voor een nieuwe, niet-reductionistische psychologie die recht doet aan de hele psyche in al haar aspecten.

Ik vind het zeker terecht dat F.W.H. Myers veel aandacht krijgt als een van de theoretische en empirische pioniers van de psychical research. Alleen had ik het nog mooier gevonden als andere belangrijke denkers en theorieën op een vergelijkbaar grondig manier waren behandeld. Maar dit boek heeft nu eenmaal een programmatische opzet en is zoals de ondertitel al aangeeft bedoeld als een aanzet tot een omwenteling in de psychologie. Wat mij daar persoonlijk minder van bevalt is bijvoorbeeld de afwijzing van het klassieke substantialistische dualisme en daarmee ook van een substantieel zelf. In plaats daarvan blijkt men meer op te hebben met proces-metafysische vormen van panpsychisme a la Whitehead en met een zogeheten 'individualiteit' achter de alledaagse persoonlijkheid.

Twee elementen die mij weer wel erg aanspreken zijn een verdediging van de wetenschappelijke waarde van casuïstiek tegen een eenzijdige experimentele benadering en natuurlijk de afwijzing van het gelijkstellen van psychofysiologische *correlaties* aan een totale afhankelijkheid van de geest ten opzichte van het brein. Er is geen enkele logische reden te bedenken waarom zulke correlaties materialistisch geïnterpreteerd zouden moeten worden.

Wat men verder ook van de specifieke theorievorming in dit boek moge denken, het empirische materiaal dat de revue passeert is zonder meer indrukwekkend te noemen. Keer op keer blijken allerlei goed gedocumenteerde feiten niet verklaard te kunnen worden binnen het materialistische model. Het blijft niet bij loze beweringen, maar de auteurs onderbouwen hun interpretatie van bewijsmateriaal telkens weer met een grondige argumentatie. Dit geldt voor bijna-doodervaringen (die uitgebreid behandeld worden in hoofdstuk 6), maar bijvoorbeeld ook voor de werking van het geheugen, mystieke ervaringen, reïncarnatieherinneringen en het placebo-effect. De auteurs stellen dan ook op blz. 605: 'We zijn van mening dat het empirische bewijsmateriaal dat we in dit boek op een rijtje hebben gezet voldoende is om alle vormen van biologische naturalisme, de huidige fysicalistische consensus over de relatie tussen lichaam en geest, te weerleggen.'

Dit is zeker geen boek voor een breed lezerspubliek, maar het is wel waardevol voor mensen met een aanzienlijke voorkennis en grote interesse in het lichaam-geest probleem.

Deze boekbespreking werd gepubliceerd in *Terugkeer*, 21 (4), winter 2010, blz. 26.

Boekbespreking
Koos Neuvel. *Tussen de oren: Hoe het lichaam de geest krijgt.* Scriptum, 2011.

Zoals blijkt uit het *Woord Vooraf* van neurobioloog Jeroen J.G. Geurts, verdedigt journalist Koos Neuvel in zijn boek *Tussen de oren: Hoe het lichaam de geest krijgt* een naturalistische of materialistische visie op het bewustzijn. Geurts vindt het merkwaardig dat dit nog steeds niet voor alle geleerden geldt, omdat er volgens hem een 'enorme hoeveelheid geleverde evidentie' voor zo'n naturalistische visie zou bestaan. Daarbij hanteert Geurts een doorzichtige cirkelredenering. Alternatieve interpretaties van het aangedragen bewijsmateriaal, zoals de transmissietheorieën van Pim van Lommel en dualistisch interactionisten zoals Mario Beauregard, doen er gewoon niet toe, zodat automatisch alleen de naturalistische theorie (dat het brein het bewustzijn produceert) overblijft. Geurts noemt andere visies "grotesk en onzinnig" en "niet langer houdbaar", omdat... er een sterke connectie tussen lichaam en geest bestaat. Het is kennelijk van geen belang voor Geurts dat zo'n connectie van oudsher volledig erkend wordt door interactionisten en zelfs een integraal onderdeel uitmaakt van hun theorieën.

Bewijsmateriaal tegen een materialistische visie is

volgens Geurts "akelig anekdotisch en in ieder geval niet wetenschappelijk".Bijna-doodervaringen zijn bijvoorbeeld niet meer dan "zeer vreemde gedragingen" van de hersenen als gevolg van "een ernstige systemische ontregeling".

Rudolf H. Smit heeft me dit voorwoord van Geurts en hoofdstuk 2 van *Tussen de oren* gestuurd. Dit laatste heet *Hoe de geest het lichaam verliet: De realiteit van de bijna-doodervaring*.

Koos Neuvel begint het hoofdstuk met een tamelijk uitvoerige weergave van de casus van Pam Reynolds. Hij zegt hierover: "Een sterk verhaal is dit zeker, maar elke nuchtere geest zal op zijn lichaam [...] zweren dat hier niets van kan kloppen." Met andere woorden, bewijsmateriaal dat niet strookt met een materialistisch mensbeeld kan natuurlijk alleen maar berusten op hallucinaties en bedrog. Neuvel erkent dat er nog veel meer sterke BDE-verhalen zijn, maar stelt dat de pretentie van echtheid van deze ervaringen op gespannen voet staat met "de algemeen aanvaarde wetenschappelijke opvatting. Die zegt: zonder hersenen geen bewustzijn."

Door het soort formuleringen dat Neuvel keer op keer gebruikt, bekruipt je het gevoel dat hij het verschil niet kent tussen een empirische theorie en een dogma. Een dogmatische leerstelling is bij voorbaat onweerlegbaar door wetenschappelijk bewijsmateriaal, maar een empirische theorie kan ten minste in principe weerlegd oftewel gefalsifieerd worden door nieuwe data. Volgens wetenschapsfilosoof Karl Popper is falsifieerbaarheid zelfs een voorwaarde voor de wetenschappelijkheid van een theorie.

Bovendien lijkt Neuvel uit de voorkeur van een groot aantal geleerden voor een naturalistische theorie te willen afleiden dat die theorie ook echt heel sterk moet staan. In feite betekent zo'n voorkeur nog helemaal niets. "De meerderheid beslist" is een principe dat kan gelden in een democratie maar de eventuele waarheid van een theorie is natuurlijk totaal niet afhankelijk van de mate waarin zij wordt aangehangen.

Neuvel kan in het geval van Pam Reynolds overigens niet veel meer doen dan oude tegenwerpingen van Gerald Woerlee herhalen, zonder in te gaan op allang gepubliceerde ontkrachtingen daarvan. In het algemeen beweert Neuvel dat sceptische verklaringen (altijd) aannemelijker zijn dan die van "gelovigen". Dat is echter uitsluitend zo als je bij voorbaat weigert bewijsmateriaal tegen de naturalistische visie serieus te nemen. Geef je zulk bewijsmateriaal wel een eerlijke kans, dan blijft er van die aannemelijkheid van de sceptische verklaringen niet veel meer over.

Kennelijk vindt Neuvel het ook nog nodig om een karikatuur te maken van een dualistische visie op de relatie tussen hersenen en geest. Zo benadrukt hij dat de "vrij zwevende geest" bij BDE's nog steeds volop gebruik moet maken van de "verkenners van het lichaam" (de zintuigen dus), alsof hij nog nooit van het concept buitenzintuiglijke waarneming heeft gehoord.

Overigens wekt Neuvel graag de indruk wel degelijk open te staan voor hard bewijsmateriaal tegen het materialisme, maar uit dit hoofdstuk blijkt steeds weer hoe weinig daar echt sprake van is. Hij beschouwt zowel BDE's als het dualisme als "illusies" die geen enkel gevaar vormen voor zijn wereldbeeld. Hij stelt zelfs dat het nodig is de "vermeende echtheid" van BDE's te "ontluisteren". Het is dus gewoon weer het oude materialistische liedje.

Dit artikel verscheen in *Terugkeer 22(4)*, winter 2011, blz. 24.

Een hedendaagse extinctiethese: Mortal minds van Gerald Woerlee

Samenvatting

Mortal Minds van anesthesioloog Gerald Woerlee is een goed geschreven, helder geformuleerd en zakelijk pleidooi voor de zogeheten extinctie-these, de theorie dat er geen onsterfelijke ziel en geen leven na de dood bestaan.

Drs. Woerlee stelt de posities van zijn opponenten echter consequent verkeerd voor. Hij verwart al dan niet aannemelijke skeptische hypothesen met sluitende bewijzen voor zijn skeptische visie. En hij gebruikt bijna uitsluitend skeptische bronnen over empirisch bewijsmateriaal tegen zijn theorie, zonder gedetailleerd in te gaan op de harde kern van dit materiaal.

Het boek biedt desondanks interessante wetenswaardigheden en kan gebruikt worden als bron over skeptische misvattingen. Het bevestigt dat skeptici in het algemeen niets kunnen beginnen met parapsychologische fenomenen.

Inleiding

Mensen die belangstelling hebben voor paranormale verschijnselen, stuiten vroeg of laat op het fenomeen van de zogeheten skeptici. Dit zijn doorgaans ontwikkelde lieden die beweren zonder vooringenomenheid kennis te hebben genomen van de parapsychologische literatuur. In de praktijk wijzen de meeste skeptici het bestaan van paranormale verschijnselen echter al bij voorbaat af, waardoor ze ook wel bekend staan als debunkers. Iedereen die het niet met deze destructieve aanpak eens is, verdient het volgens veel skeptici als irrationeel of regelrecht krankzinnig te worden aangemerkt. Er is echter ook een aantal skeptici dat in essentie dezelfde methode hanteert, maar zonder daarbij ook nog hun opponenten persoonlijk af te willen branden. Een voorbeeld hiervan lijkt de in Australie opgegroeide anesthesioloog drs. Gerald M. Woerlee, werkzaam in maatschapverband in het Rijnland Ziekenhuis in Leiderdorp. In zijn prettig leesbare Mortal Minds: a biology of the soul and the dying experience richt deze auteur zich volledig op de te bespreken onderwerpen, in plaats van denigrerend op de man te spelen.

Woerlee is een voorstander van de zogeheten extinctie-these, dat wil zeggen de theorie dat er geen onsterfelijke ziel en dus ook geen leven na de dood bestaat. Deze theorie bestaat in feite al duizenden jaren, en kwam onder meer al voor bij de Griekse en Romeinse volgelingen van Epicurus en bij klassieke materialistische Indiase en Chinese filosofen. Sedert de Verlichting heeft de extinctie-these opgeld gedaan in geleerde westerse kringen, doordat wetenschappelijk en rationeel denken daarbinnen hoe langer hoe meer gelijkgesteld werd aan het wijsgerig materialisme. In de seculiere, 'rationalistische' humanistische traditie wordt zo van oudsher ook getracht een menswaardig en positief wereldbeeld te formuleren waarin de realiteit van een hiernamaals wordt verworpen.

In dit artikel zal ik beknopt stilstaan bij Woerlees betoog in Mortal Minds. Overigens is dit geen zware klus voor me geweest, doordat de auteur zijn argumentatie steeds zeer helder en overzichtelijk presenteert en bovendien zo vriendelijk is geweest om mij per e-mail nog wat extra informatie te verschaffen, waarvoor bij dezen mijn dank.

Argumenten

Het leeuwendeel van Mortal Minds bestaat uit een bespreking van de argumenten van voorstanders van de theorie dat er een leven na de dood is. De manier waarop de auteur deze argumenten uiteenzet is zoals gezegd glashelder, maar met alleen helderheid kom je er nog niet in intellectuele discussies.

Gerald Woerlee stelt de argumenten van zijn tegenstanders voor een belangrijk deel fundamenteel verkeerd voor. Zo maakt hij van de stelling dat de ziel het lichaam bezielt, een stelling dat het lichaam in de biologische zin een ziel nodig heeft om te kunnen leven (hoofdstuk 5). Daar brengt hij vervolgens o.a. tegenin dat afzonderlijke organen ook los van een lichaam in leven gehouden kunnen worden. Het idee dat de ziel het lichaam in leven houdt is echter nog iets anders dan de notie dat er een ziel nodig is opdat een mens bij bewustzijn is. De eerste gedachte kwam vroeger zeker vaak voor bij aanhangers van de gedachte van een onsterfelijke ziel, maar sinds Descartes wordt er terecht een veel scherper onderscheid gemaakt tussen lichamelijk leven en geestelijk leven. Met andere woorden, juist in wetenschappelijke discussies over een leven na de dood, hoort de stelling dat er een ziel nodig is voor puur lichamelijk leven tegenwoordig geen (of nauwelijks een) rol te spelen.

Iets dergelijks geldt wanneer Woerlee doet alsof aanhangers van de onsterfelijkheidstheorie uitgaan van een ziel die op geen enkele manier beinvloed kan worden door het brein (hoofdstuk 6). Bijna alle hedendaagse aanhangers geloven in werkelijkheid in een wisselwerkingtussen geest en hersenen, zodat ook dit een verkeerde voorstelling van zaken is. Overigens stelt Woerlee zelfs dat wereldreligies beweren dat er geen somatogene invloeden op de geest bestaan, terwijl er bijvoorbeeld in de Bijbel meer dan eens melding wordt gemaakt van dronkenschap. Abusievelijk interpreteert hij ook een religieuze uitspraak over de onaantastbaarheid van de ziel op deze manier (blz. 67). Terwijl de uitspraak niet gaat over het bewustzijn maar over het subject van het bewustzijn (het 'ik'). Ook al worden we stomdronken als we teveel drinken, we blijven nog steeds dezelfde persoon, hetzelfde subject. In die zin kan de dronkenschap ons als geestelijk subject niet deren, want hoe dronken we ook worden, we blijven onszelf. We raken hier aan het thema van het (personalistisch) substantialisme, dat volledig onbesproken blijft in Woerlee's boek (Rivas, 2003b).

Dergelijke misverstanden komen wellicht primair voort uit een gebrek aan basale filosofische scholing bij de auteur. Dit wordt ook gesuggereerd door de vreemde opmerking dat filosofen wel van alles kunnen beweren, maar dat ze nu eenmaal geen rekening zouden houden met fysiologische data! We zouden dit gerust mogen omkeren door te zeggen dat Woerlee zelf te weinig kennis heeft genomen van analytische filosofie, terwijl veel van zijn werk in de kern juist op de eerste plaats met filosofie te maken heeft (Rivas, 2003b).

Helaas geldt deze kritiek ook voor zijn bespreking van paranormale ervaringen, waarnemingen van aura's en uittredingen. Woerlee heeft hierbij blijkens de referenties bijna uitsluitend gebruik gemaakt van skeptische bronnen en gaat niet in op concrete parapsychologische onderzoekingen.

Wat betreft paranormale ervaringen stelt hij dat hier

nog steeds geen betrouwbaar bewijs voor is. Hij weidt echter niet nader uit over argumenten van parapsychologen. Gezien zijn verkeerde voorstelling van de survival-theorie, wekt dit niet bepaald vertrouwen bij de geinformeerde lezer. Maar zelfs als zijn positie werkelijk goed onderbouwd was, zou de lezer toch recht hebben op een veel gedetailleerdere ontkrachting van de argumenten van voorstanders. Ook logisch laat Woerlee steekjes vallen als hij nu eens zegt dat er geen sluitend bewijs voor het paranormale bestaat, en dan weer dat er helemaal geen bewijsmateriaal voor bestaat (hoofdstuk 7 en verder). Geen sluitendbewijs is immers bepaald iets anders dan helemaal geen bewijsmateriaal. Iets dergelijks geldt als hij eerst stelt dat er waarschijnlijk geen paranormale waarnemingen bestaan, en later domweg dat er (zeker) geen paranormale waarnemingen bestaan. Voorts doet hij alsof hij precies zou weten hoe paranormale waarneming zou werken, als deze -anders dan hij gelooft- echt zou bestaan. Doven zouden er bijvoorbeeld net zo gemakkelijk hun toevlucht toe kunnen nemen als tot de overblijvende normale zintuigen. Er is echter geen enkele parapsycholoog die beweert dat paranormale waarneming exact hetzelfde zou werken als de bekende normale zintuigen, of dat men er zo maar naar believen bewust over zou kunnen beschikken. Opnieuw stelt Woerlee de positie van zijn opponenten dus fundamenteel verkeerd voor. Dat gebeurt in een volgend hoofdstuk nog eens, waar hij doet alsof het bestaan van voorschouw impliceert dat mensen dit vermogen vrijelijk moeten kunnen benutten bij het gokken (hoofdstuk 8)!

Aura's en uittredingen (hoofdstuk 9 t/m 13) worden eveneens zonder serieuze aandacht voor bewijsmateriaal geinterpreteerd als bijverschijnselen van puur fysiologische processen. Ook hierbij verwart Woerlee in elk geval qua formulering een hypothese met een onomstotelijke waarheid.

De combinatie van een foutieve voorstelling van de posities van opponenten met het negeren van empirisch bewijsmateriaal dat ingaat tegen de eigen theorie komt steeds weer terug. Daardoor mag het geen verbazing wekken dat Woerlee ook bijna-doodervaringen terugvoert tot bijverschijnselen van verstoorde hersenprocessen. Dit vormt ook het enige uitgangspunt voor zijn bespiegelingen over wat mensen doormaken als ze sterven. Geen woord over Pim van Lommel (Van Lommel et al, 2001) of Pam Reynolds (Smit, 2003) bijvoorbeeld. Het is dan ook niet te hopen dat BDE-ers op hun zoektocht naar goede literatuur over bijna-doodervaringen, als eerste op dit boek stuiten. Het zou hen op het verkeerde been kunnen zetten, en in theorie zelfs een deel van hun eigen positieve interpretatie kunnen aantasten. Ik had naief genoeg gehoopt dat een medicus juist dit onderwerp daarom eerlijker (Smit, 2003; Rivas, 2003a) zou belichten.

Inhoudelijke manco's

Woerlee heeft met dit boek aangetoond zeer goed en helder te kunnen schrijven, maar inhoudelijk heeft hij zijn werk niet best gedaan. Hij noemt voorstanders nauwelijks bij naam en negeert bijvoorbeeld al het bewijsmateriaal voor reincarnatie (Stevenson, 2000; Rivas, 2000) of verschijningen (Rivas, 2003c). Hij stelt ook dat mensen tijdens uittredingen nooit waargenomen zouden worden door derden (Rivas, 2003c).

Niemand is verplicht om een uitputtend overzicht te bieden om uberhaupt over een bepaald onderwerp te mogen schrijven, maar dergelijke omissies en fouten zijn niet te rechtvaardigen. Deze tekortkomingen worden overigens enigszins goedgemaakt door vermeldingen van serieus onderzoek naar bijna-doodervaringen op zijn websites, maar die doen anderzijds juist weer vermoeden dat de auteur zelf ook beseft dat de zaken tenminste iets ingewikkelder liggen dan hij in Mortal Minds doet voorkomen.

Het boek sluit af met manieren waarop iemand die zelf de dood niet overleeft, toch in zekere zin nog 'onsterfelijk' kan zijn, bijvoorbeeld in de vorm van herinneringen van nabestaanden of roem (hoofdstuk 19). Hij verkondigt hierbij een credo dat we al veel langer kenden van materialistische vrijdenkers. Het is jammer dat Woerlee het zelfs nodig vindt om de theorie van een overleven als negatiever neer te zetten dan de extinctie-these. Eeuwige onsterfelijkheid zou uiteindelijk leiden tot eeuwige verveling, doordat een persoonlijke ziel zich in essentie nooit verder zou kunnen ontwikkelen dan hoe hij was tijdens zijn aardse leven (ontwikkeling zou namelijk leiden tot verlies van persoonlijke identiteit). Deze curieuze gedachte wordt opnieuw gepresenteerd als onderdeel van de survival-these, terwijl de voorstanders daarvan bijna per definitie uitgaan van een persoonlijke evolutie (met behoud van identiteit)!

Waarde van het boek
Mortal minds vertoont ernstige gebreken die bijna inherent bij de skeptische (debunkers-) methode lijken te horen. Kenners van het onderzoek naar survival hadden ook niet anders kunnen verwachten. De theorie van een persoonlijk overleven na de dood staat wetenschappelijk gezien namelijk sterker dan ooit, zodat alleen het negeren, verdraaien of onderschatten van bewijsmateriaal tot een andere conclusie kan leiden. Dat slechts nog een klein gedeelte van de academische gemeenschap dit openlijk erkent, doet hier niets aan af.
Wat filosofische onderbouwing betreft heeft dit boek niets te bieden, maar ook dit ziet men maar al te vaak

bij skeptische auteurs.

De boodschap van dit boek is dan ook alleen interessant voor 'gelovigen' die de extinctie-these al aanhingen, zoals materialistisch georienteerde vrijdenkers en humanisten. Collega-skeptici zullen Woerlee's werk ongetwijfeld verwelkomen, als een verfrissende preek voor eigen parochie. Hoewel sommige debunkers zich daarbij misschien zullen storen aan het in hun optiek waarschijnlijk schrijnend gebrek aan persoonlijke aanvallen onder de gordel.

Toch komen er voor een ruimer publiek ook interessante wetenswaardigheden in dit boek voor, zoals dat het intreden van de lichamelijke dood samenvalt met het moment waarop de activiteit in de hersenstam definitief uitvalt (Hoofdstuk 2).

Bovendien kan het boek voor niet-skeptici dienst doen als bron over misvattingen die er bestaan rond de belangrijkste stellingen van aanhangers van de theorie van een leven na de dood.

Tot slot bevestigt het dat skeptici werkelijk niets kunnen aanvangen met parapsychologie. In zekere zin is dat verheugend, want het bewijsmateriaal voor paranormale verschijnselen is hoe dan ook indrukwekkend te noemen. Alleen als iemand daar niet aan wil, kan hij in een treurige skeptische theorie als die van Woerlee meer zien dan een allang achterhaalde materialistische waan. Elk afzonderlijk paranormaal verschijnsel is een onontkoombare ontkrachting van het skeptische wereldbeeld.

Referenties

- Lommel, P. v., Wees, R. v., Meyers, V., & Elfferich, I. (2001). Near-death experience in survivors of cardiac arrest: a prospective study in the Netherlands. *The Lancet, 358*, 9298, 2039-2044.
- Rivas, T. (2000). *Parapsychologisch onderzoek naar reincarnatie en leven na de dood.* Deventer: Ankh-Hermes.
- Rivas, T. (2003a). De theoretische interpretatie van bijna-doodervaringen. *Terugkeer 14*(3), 11-14. (Iets uitgebreide herdruk van een artikel in *Tijdschrift voor Parapsychologie* en vrije vertaling van een oorspronkelijk engelstalig artikel in *The Journal of Religion and Psychical Research*.)
- Rivas, T. (2003b). *Geesten met of zonder lichaam: pleidooi voor een personalistisch dualisme.* Delft: Koopman & Kraaijenbrink.
- Rivas, T. (2003c). *Uit het leven gegrepen: beschouwingen rond een leven na de dood.* Delft: Koopman & Kraaijenbrink.
- Smit, R.H. (2003). *De unieke BDE van Pamela Reynolds* (Uit de BBC-documentaire The Day I Die). Terugkeer, 14 (2).
- Stevenson, I. (2000). *Bewijzen van reïncarnatie.* Deventer: Ankh-Hermes.
- Woerlee, G.M. (2003). *Mortal Minds: a biology of*

the soul and the dying experience. Utrecht: De Tijdstroom.

Met dank aan Gerald Woerlee, Rudolf Smit, Anny Dirven en Chris Canter

Dit artikel verscheen in Terugkeer, 15e jaargang, voorjaar 2004, nr. 1, 23-25 en werd later nog eens gepubliceerd in Reflectie, nummer 1-2, jaargang 1, september 2004, blz. 34-36.

Boekbespreking
Gerald M. Woerlee. *Illusory Souls*. Leiden: G.M
Woerlee, 2013.

Anesthesioloog Gerald Woerlee is voor de gemiddelde
lezer van Terugkeer waarschijnlijk geen onbekende
meer. Woerlee heeft zich namelijk de afgelopen jaren
ontpopt tot een zeer ijverige auteur die zich verzet
tegen niet-materialistische verklaringen van bijna-
doodervaringen en aanverwante verschijnselen.
In het boek *Illusory Souls*, dat alleen al qua titel doet
denken aan zijn eerdere publicatie *Mortal Minds*,
bindt de skeptische anesthesioloog de strijd aan met
het lichaam-geest dualisme. Hij legt daarbij de nadruk
op wetenschappelijk bewijsmateriaal dat zou aantonen
dat de theorie van een onstoffelijke persoonlijke ziel
niet houdbaar is. Zo staat hij stil bij de somatogene
effecten van diverse soorten drugs, en biedt hij een
overzicht van technieken binnen zijn vakgebied en
hun uitwerking op het bewustzijn. Dit gebeurt telkens
in een heldere stijl die zijn boek zelfs voor lezers
zonder wetenschappelijke achtergrond grotendeels
leesbaar maakt. Soms wordt Woerlee zelfs poëtisch,
zoals wanneer hij de ziel een 'oude succubus' noemt
die ons mentaal in een verstikkende greep houdt, en
zijn hoop uitspreekt dat hij zijn lezers zal kunnen
verlossen van die demon. De auteur is daarbij
overigens hoffelijk genoeg om zijn intellectuele

tegenstanders te bedanken voor hun inspiratie.

Als bonus geeft hij ook nog een soort korte historische inleiding tot de ontwikkeling van de anesthesiologie, ook al wordt niet altijd duidelijk waarom hij over bepaalde onderwerpen uitweidt om tot slot te concluderen dat ze geen doorslaggevende argumenten voor of tegen het dualisme opleveren.

Karikatuur van het lichaam-geest dualisme

Uitgaande van de inhoud van *Mortal Minds*, blijkt Woerlee in dit nieuwe boek niet of nauwelijks met nieuwe inzichten te komen. Hij is nog steeds een bevlogen voorvechter van wat je een 'humanistisch materialisme' zou kunnen noemen. En hij houdt er nog steeds erg grote misvattingen opna waar het gaat om de vraag wat (substantialistisch) lichaam-geest dualisme volgens aanhangers zoal inhoudt. Zo stelt hij dat het lichaam-geest dualisme impliceert dat de ziel op geen enkele manier beïnvloed of aangetast zou kunnen worden door processen in de hersenen. Deze visie komt volgens mij alleen bij zogeheten 'parallellistische' dualisten voor, die geloven dat hersenprocessen en geestelijke processen parallel aan elkaar verlopen zonder invloed op elkaar uit te oefenen. Alle interactionistische dualisten gaan wel degelijk uit van een wisselwerking tussen brein en psyche. We hebben hier dus te maken met een uitgesproken karikatuur van het dualisme, oftewel met

wat men in het Engels een 'strawman' noemt.
Elke functie die dualisten aan de ziel toeschrijven,
zoals waarneming en herinnering, zou volgens
Woerlee dus (wetenschappelijk aantoonbaar) niet
verstoord kunnen raken door fysiologische processen
in de hersenen. Zodra blijkt dat een functie wel
degelijk beïnvloed kan worden door wat er in het
brein gebeurt, is daarmee voor Woerlee bewezen dat
die functie zich niet in de ziel maar alleen in de
hersenen kan bevinden. Dit leidt bijvoorbeeld tot de
merkwaardige uitspraak dat bewezen zou zijn dat de
ziel kennelijk geen eigen geheugen bezit en dus ook
geen herinneringen aan een spirituele wereld of vorige
levens kan hebben.
Of Woerlee opzettelijk dit type karikatuur hanteert in
zijn strijd tegen de ziel, is trouwens maar de vraag.
Het lijkt er eerder op dat hij nog steeds niet inziet dat
zijn beeld van de 'vijand' sterk vertekend is.
Een ander voorbeeld betreft zijn bewering dat alle
dualisten ervan uitgaan dat de ziel voortdurend bewust
is en dat er dus geen droomloze slaap bestaat. Dit is
domweg onjuist, want in werkelijkheid vormt het
onderwerp een serieus punt van discussie onder
dualisten. In dit verband probeert Woerlee ook nog
aan te tonen dat het vergeten van dromen moeilijk
verenigbaar is met het dualistische model, terwijl zelfs
orthodoxe psychologen dit verschijnsel doorgaans
verklaren door het bestaan van een verband tussen

geheugenfuncties en diverse bewustzijnstoestanden. Wanneer iemand wakker wordt, verkeert hij al snel in een andere bewustzijnstoestand dan tijdens zijn droom, en dat kan van invloed zijn op het vermogen de inhoud van de droom vast te houden.

Denkfouten

Net als in *Mortal Minds* is er op talloze punten weer sprake van grove denkfouten. Woerlee meent bijvoorbeeld serieus dat er geen helderziendheid kan bestaan, omdat anders alle blinden er wel op terug zouden vallen. En als er echt precognitieve waarnemingen waren, zouden mensen daar allang financieel van hebben geprofiteerd.

Nog moeilijker invoelbaar vind ik het beschamende hinken op meerdere gedachten waar deze auteur ook in Illusory Souls herhaaldelijk blijk van geeft. Zo erkent hij in bepaalde hoofdstukken dat er naast materialistische verklaringen voor bepaalde verschijnselen ook dualistische alternatieven zijn. Hij beweert dan 'slechts' dat deze verklaringen in termen van een ziel verder gezocht oftewel 'minder zuinig' zijn dan de materialistische varianten. Maar voor vergelijkbare bevindingen stelt hij opeens dat een dualistische hypothese uiterst onwaarschijnlijk is of zelfs dat de fenomenen in kwestie aantonen dat er (zeker) geen ziel is! Misschien ben ik nogal pietluttig, maar 'minder zuinig' is voor mij nog altijd iets anders dan 'uiterst onwaarschijnlijk' en het is voor mij al helemaal geen synoniem voor '(overtuigend) weerlegd'. Dit soort onzorgvuldige formuleringen maakt het voor mij eerlijk gezegd bijzonder moeilijk om een auteur als Gerald Woerlee in theoretisch opzicht serieus te nemen.

Bijna-doodervaringen

Uit dit boek wordt meer dan ooit duidelijk dat Woerlee alle bijna-doodervaringen bij voorbaat beschouwt als producten van de hersenen, met andere woorden: als een soort illusies of hallucinaties. Om dit kracht bij te zetten neemt hij allerlei vergelijkingen tussen de fenomenologie van BDE's met allerlei symptomen bij (vooral kunstmatige) neuropsychologische bewustzijnstoestanden extra serieus.

Ook voor BDE's tijdens een klinische dood denkt Woerlee uiteraard een bevredigende verklaring te hebben. Bewustzijn dat schijnbaar tijdens een hartstilstand optreedt, vindt volgens de auteur in werkelijkheid altijd tijdens de eerste tientallen seconden van de hartstilstand, tijdens een hartmassage na de hartstilstand, of anders tijdens het ontwaken na een geslaagde reanimatie plaats. Vanzelfsprekend besteedt hij geen serieuze aandacht aan casussen die niet in dit model passen. Dit geldt overigens in het algemeen als Woerlee bepaalde fenomenen niet materialistisch kan 'weg'verklaren. Hij beperkt zich dan tot dooddoeners die allang door zijn opponenten zijn aangevallen zonder serieus in te gaan op hun argumenten (Rivas, Dirven & Smit, 2013). Dit geldt bijvoorbeeld voor de behandeling van de Man met het Gebit, Pam Reynolds en voor terminale luciditeit. Maar ook voor extreme neurologische bevindingen zoals de casussen van de waterhoofden van John Lorber waarvoor hij – zonder deugdelijke onderbouwing – stelt dat die natuurlijk niet op een ziel wijzen. Ook herhaalt hij een paar keer dat niemand ooit een ziel uit haar lichaam heeft zien treden, terwijl hier wel degelijk allerlei meldingen van zo'n verschijnsel bestaan, bijvoorbeeld in verband met de zogeheten Shared Death Experiences. Ook het helderdere bewustzijn van BDE'ers zou, hoe kan het ook anders, niet meer dan een illusie zijn.

Welhaast origineel te noemen is de redenering die de auteur tot de overtuiging heeft gebracht dat bijna-doodervaringen altijd door het brein gegenereerd moeten zijn. Volgens Woerlee toont de beïnvloeding van geheugenprocessen door de hersenen aan, dat er geen psychisch geheugen kán bestaan. (Dit baseert hij op genoemde misvatting dat dualisten doorgaans niet uitgaan van een interactie tussen de ziel en het brein.) Elke herinnering aan een bijna-doodervaring moet dus direct in het brein zelf zijn aangemaakt tijdens die ervaring zelf. Dat kan alleen als de hersenen op dat moment nog voldoende functioneren. Dit is niet het geval tijdens een hartstilstand en dus vinden bijna-doodervaringen nooit tijdens een klinische dood plaats.

Ook het feit dat mensen allerlei correcte waarnemingen kunnen doen tijdens hun bijna-doodervaring geeft volgens hem aan dat die waarnemingen niet door de ziel gedaan kunnen zijn. In hoofdstuk 13 'bewijst' hij namelijk dat er naar alle waarschijnlijkheid geen paranormale indrukken bestaan, omdat hier anders wel onweerlegbaar en oncontroversieel bewijsmateriaal voor zou zijn gevonden. Buitenzintuiglijke waarneming wordt dus totaal niet serieus genomen door de auteur, en daarmee moeten alle waarnemingen bij BDE's automatisch berusten op lichamelijke, zintuiglijke indrukken.

Filosofische verdieping
Over het geheel genomen is *Illusory Souls* best een onderhoudend boek dat ons bovenal een goede indruk verschaft van de hersenspinsels van een hedendaagse humanistische materialist. Toch denk ik dat het geen overbodige luxe zou zijn als Gerald Woerlee zich eens wat beter verdiepte in de analytische filosofie van de geest (philosophy of mind). Dan zou hij alleen al het zogeheten *hard problem* en het *binding problem* kunnen tegenkomen en wie weet zelfs beseffen dat nu

juist het materialisme bij voorbaat onhoudbaar is! Maar misschien behoedt zijn militante tunnelvisie hem nu juist voor dit ondraaglijke inzicht. Wellicht verklaart dit ook zijn aanval op filosofen die volgens hem wetenschappelijke gegevens domweg zouden negeren. Alsof het loze opsommen van empirische feiten de rationele interpretatie ervan op een magische manier overbodig zou kunnen maken.

Referentie

– Rivas, T., Dirven, A., & Smit, R.H. (2013). *Wat een stervend brein niet kan*. Leeuwarden: Elikser.

Deze recensie werd gepubliceerd in *Terugkeer* 25(1), voorjaar 2014, blz. 18-19.

Boekbespreking

David Skrbina. *Panpsychism in the West*. Cambridge (Mss)/Londen: A Bradford Book - The MIT Press, 2005. ISBN 0-262-19522-4.

Ondanks alle kennis die de westerse wetenschap heeft verzameld over structuur en functie van het zenuwstelsel, is er geen consensus bereikt over de aard van het bewustzijn en de verhouding tussen geest en brein. Veel geleerden hangen een vervreemdend materialisme aan dat geen recht doet aan de rijkdom van ons innerlijk leven. De auteur van het boek Panpsychism in the West, David Skrbina, keert zich op filosofisch niveau tegen dit materialisme. Ook een dualisme dat veronderstelt dat bewustzijn en materie niet tot elkaar te herleiden zijn en ook niet per se met elkaar samen hoeven te gaan, wijst hij af. In plaats daarvan richt hij zich, de titel doet het al vermoeden, op de geschiedenis en verschijningsvormen van het zogeheten panpsychisme. In het algemeen is dit de filosofische theorie dat elk onderdeel van de fysieke werkelijkheid gepaard gaat met een vorm van geest. Vaak is dit vanuit een menselijk perspectief nog slechts 'geest in wording', dat wil zeggen dat het menselijk bewustzijn opgebouwd is uit primitievere en vaak onbewuste 'mentale' elementen die overal in de fysieke natuur zouden voorkomen. Deze voorstelling van zaken zou het probleem oplossen waar het menselijk bewustzijn opeens vandaan zou zijn gekomen in de biologische evolutie en ook hoe dit bewustzijn zich verhoudt tot het brein. Bovendien zou het de materiële wereld in een prachtig, ontroerend licht zetten waardoor we onszelf en de realiteit om ons heen zouden kunnen herwaarderen als intrinsiek geestelijk, zonder de fysieke kant van ons bestaan te hoeven loochenen.

Het boek is ook voor mensen die de stroming niet aanhangen, zoals ondergetekende, zeer waardevol als algemene inleiding tot de geschiedenis van het panpsychisme in het westen. In de Indiase filosofie speelt de gedachte van een alles doordringende geest zoals bekend een grote rol, en het is verrassend om te zien dat er ook een panpsychistische onderstroom is geweest binnen de westerse filosofie. David Skrbina bespreekt onder andere panpsychistisch aandoende gedachten bij Plato, Artistoteles, de Stoïci, Spinoza, Leibniz, Schopenhauer, Mach, William James, Teilhard de Chardin, Bertrand Russel, David Bohm, Penrose en Chalmers. Hierbij worden ook panpsychistische trekjes belicht bij denkers van wie je zoiets niet gauw zou verwachten.

Opvallend is onder meer dat de bekende materialist LaMettrie volgens de auteur in feite meer verwantschap vertoonde met het panpsychisme dan met het huidige reductieve materialisme.

Skrbina is zelf een enthousiast aanhanger van het

panpsychisme en hoopt dat het boek een aanzet levert tot een intellectuele rehabilitatie en hernieuwde belangstelling voor deze filosofie.

Eerlijk gezegd zie ik zelf geen voordelen die het panpsychisme zou hebben boven het dualisme. Zo lijkt Skrbina te stellen dat het panpsychisme geen concept van wisselwerking tussen materie en geest nodig heeft, omdat beide steeds parallel aan elkaar lopen. Hij vergeet daarbij dan wel dat we fysiek niets meer over de geest zelf (als zodanig) zouden kunnen zeggen of schrijven, omdat dit een invloed van de geest op ons fysieke lichaam zou veronderstellen. Dat zou dan echter ook moeten gelden voor zijn eigen uitingen in dit werk. Over leven na de dood laat Skrbina zich overigens niet uit in zijn boek, en in een e-mail zegt hij dat paranormale verschijnselen gekoppeld zouden kunnen zijn aan de 'bizardere' vormen van materie en energie, maar zonder aan te geven hoe dat in zijn werk zou gaan. Ook gaat het panpsychisme er over het algemeen van uit dat de ziel voortkomt uit de ['mentale kant' van de deeltjes] materie [van het lichaam of brein] en dat lijkt bijvoorbeeld onverenigbaar met reïncarnatie. (Toevoeging op txtxs: Het is namelijk moeilijk voorstelbaar dat zo'n ziel los van die deeltjes als eenheid zou kunnen voortbestaan). Er zijn wel pogingen gedaan om beide noties te verenigen, maar die blijven onbesproken door de auteur.

Dit alles neemt niet weg dat Skrbina een goed leesbaar en boeiend boek heeft geschreven, dat een must is voor een ieder die zich wil verdiepen in alternatieven voor het materialisme.

Gepubliceerd in *Terugkeer, 18(1)*, blz. 24-25, 2007.

Boekbespreking
David Staume. *The Atheist Afterlife*.Victoria (Canada):
Agio, 2009. ISBN 978-1-897435-29-8.

Volgens veel lieden die zichzelf als rationalisten
beschouwen is een voortbestaan is een irrationeel en
anti-wetenschappelijk concept dat uitsluitend
voorkomt bij mensen die in een god geloven. Dit is
naïef, omdat er genoeg atheïstische stromingen
bestaan, zoals het boeddhisme en jaïnisme uit India,
die uitgaan van een vorm van overleven na de dood.
Ook de 19e-eeuwse Tsjechische (katholieke) filosoof
Bernhard Bolzano erkende al dat er goede, rationele
argumenten voor onsterfelijkheid bestaan die
onafhankelijk zijn van een theïstisch wereldbeeld.
Filosoof en humanist David Staume tracht expliciet
een lans te breken voor de mogelijkheid van een
voorbestaan dat volledig verenigbaar is met zijn eigen
uitgesproken en militante atheïsme. Staume heeft
duidelijk een aversie van alles wat met religie te
maken heeft en wil een zuiver
(natuur)wetenschappelijke theorie van een leven na de
dood. Dit is volgens mij een interessante en legitieme
doelstelling
Staume zoekt zijn filosofische argumentatie voor de
mogelijkheid of waarschijnlijkheid van een geestelijk
voortbestaan in een eigen interpretatie van het
lichaam-geest dualisme. Ik heb daar op zich geen

moeite mee, aangezien ik zelf ook zulke pogingen heb gedaan. Alleen ben ik minder gelukkig met de specifieke uitwerking van de auteur. Hij gaat er bijvoorbeeld van uit dat onze subjectieve binnenwereld correspondeert met een extra ruimtelijke dimensie en in die zin eigenlijk uiterlijk is. Er is zelfs geen echt innerlijk leven, alleen verschillende externe werkelijkheden, aldus Staume. Dit is niet alleen evident onjuist volgens mij, maar het ondergraaft ook de basis van het dualisme dat hij nota bene zelf verdedigt.

Verder vind ik de manier waarop Staume de woorden *physics* en *physical* gebruikt nogal merkwaardig. Hij lijkt er niet zozeer de fysieke natuur mee aan te duiden, maar de natuurlijke werkelijkheid in het algemeen. Physical betekent dan ´natuurlijk´ en physical laws zijn geen fysieke natuurwetten, maar gewoon natuurwetten. Dit is vooral merkwaardig omdat hij het woord physical aanvankelijk specifiek gebruikt in de zin van materieel.

Tot slot legt hij bijna-doodervaringen per definitie atheïstisch uit. Wat voor een hogere wezens iemand ook waarneemt, het kan nooit om een echte godheid gaan. Hij vindt het idee dat een aantal mensen bij hun BDE echt door een soort tunnel naar een licht gaat zelfs amusant en denkt dat dit eerder te maken heeft met beelden van een fysieke geboorte.

Ook al kan ik me niet vinden in de uitwerking van de

argumentatie van David Staume, ik hoop toch dat zijn boek een taboe onder atheïsten zal doorbreken. Je hoeft niet in een god te geloven om een geestelijk voortbestaan na de dood intellectueel serieus te kunnen nemen.

Deze recensie werd gepubliceerd in *Terugkeer*, 21e jaargang, nr. 2, zomer 2010, blz. 23.

Boekbespreking

Celia Green. *The Lost Cause: Causation and the Mind-Body Problem.* Oxford Forum, 2003. ISBN 0-9536772-1-4.

De Britse onderzoekster en auteur Celia Green is vooral bekend geworden vanwege haar werk rond lucide dromen en uittredingen. Helaas is haar carrière niet in alle opzichten een succes geworden en merkwaardig genoeg wijdt ze zo'n 40 pagina's van haar nieuwe boek aan dit treurige gegeven. Ze zet zichzelf woordelijk neer als wonderkind en genie dat al vanaf haar jeugd door de alom aanwezige afgunst wordt beknot in haar persoonlijke bloei. Hoewel haar verhaal ongetwijfeld waar zal zijn, en een oproep om haar financieel te ondersteunen zeker legitiem overkomt, is het toch niet zo'n geschikte manier om een pittig boek over een totaal ander onderwerp, de filosofie van de geest, mee te beginnen. Ik raad belangstellenden dan ook aan om het eerste gedeelte even over te slaan en eventueel pas na afloop te lezen.*The Lost Cause* zelf is grotendeels gebaseerd op de dissertatie in de wijsbegeerte die Green heeft geschreven over het concept oorzakelijkheid binnen de *philosophy of mind.* In de inleiding legt ze een verband tussen het materialisme en het collectivisme waar ze zichzelf zo'n slachtoffer van acht: beide zouden berusten op de behoefte aan een totale beheersing en onderwerping van het individu. Door het bewustzijn te ontkennen kun je mensen als het ware standaardiseren as niet meer dan fysieke lichamen die gevormd worden door hun omgeving en *vrijheid* wordt opnieuw gedefinieerd als je 'aanpassen aan de wil van de samenleving'.

Als er al zoiets als subjectieve ervaringen *(mental events)* wordt erkend, dan in veruit de meeste gevallen alleen als machteloos bijverschijnsel van de hersenen (epifenomenalisme). Dit wordt door veel hedendaagse filosofen bijna als vanzelfsprekend gezien omdat het onvoorstelbaar zou zijn dat iets onstoffelijks als bewustzijn een causale invloed zou uitoefenen op het brein, terwijl het tegendeel volgens hen volledig onproblematisch zou zijn.
Celia Green gaat zeer grondig en kundig te werk om deze heersende positie volledig onderuit te halen. Allereerst wijst ze er terecht op dat de toename van onze neurologische kennis niet geleid heeft tot een materialistische 'oplossing' van het lichaam-geest probleem maar juist meer dan ooit duidelijk maakt dat de bewuste geest echt geen fysiek verschijnsel *kan* zijn. Niets in het steeds beter verkende fysieke brein lijkt qua eigenschappen namelijk ook maar in de verste verte op onze subjectieve ervaringen.
Vervolgens legt ze uit dat alledaagse macro-concepten van oorzaak en gevolg niet van toepassing lijken

binnen de wereld van de microfysica. Daar zijn volgens haar zelfs geen duidelijke oorzakelijke factor en effect te onderscheiden, maar alleen regelmatige correlaties, waarbij wat overkomt als het gevolg net zo goed gezien kan worden als de oorzaak. Ze stelt in feite dat onze common sense opvatting van oorzakelijkheid geen steek houdt en dat daarom een causale invloed van bewustzijn ook niet zomaar afgewezen mag worden op basis van die opvatting. Zelf treedt Green nog het meest naar voren als aanhanger van een vorm van parallellisme, hoewel ze soms ook lijkt te spelen met een soort interactionisme. Hoewel ze zich niet profileert als radicaal dualiste, geeft ze wel toe dat niet alle bewuste ervaringen per se een fysieke tegenhanger hoeven te hebben in het brein. Ze bespreekt ook nog empirisch bewijsmateriaal dat door denkers die de realiteit van een invloed van het bewustzijn verwerpen, wordt gebruikt om hun theorieën te onderbouwen, zoals subliminale waarneming en *blindsight*. Daarbij toont ze overtuigend aan dat hun argumentatie aan alle kanten rammelt.

Dit boek is een goede inleiding tot het vraagstuk van de invloed die van het bewustzijn uitgaat, en kan de ontwikkelde lezer er bovendien van doordringen dat het materialisme en epifenomenalisme weliswaar veel aanhangers hebben, maar zeker geen goede argumenten.

Gepubliceerd in *Terugkeer 16*(2), zomer 2005, blz. 27-28.

Boekbespreking
David Lorimer (red.) *Thinking Beyond the Brain: A Wider Science of Consciousness*. Edinburgh: Floris/Scientific and Medical Network, 2001. ISBN 0-86315-357-7.

De jaren '90 van de vorige eeuw stonden bekend als het Decennium van het brein. Helaas waren de meeste neurowetenschappers en psychologen die trachten de mysteries van de wisselwerking tussen hersenen en geest te ontrafelen materialistisch georienteerd. Dat wil zeggen dat ze de geest ('mind') zagen als iets wat onlosmakelijk verbonden is aan de hersenen en wat de dood van het brein dus bijvoorbeeld ook niet kan overleven. Het boek *Thinking Beyond the Brain* probeert tegenwicht te bieden aan dit ook nu nog steeds gangbare paradigma. Men ontkent overigens niet dat het brein invloed uitoefent op ons geestelijke functioneren. Alleen wordt die invloed gezien als vergelijkbaar met de invloed van een ontvangstoestel (b.v. een radio of televisie) op binnenkomende signalen. In tegenstelling tot 'productieve' theorieen die het bewustzijn zien als product van de hersenen, spreekt men wel van 'transmissie'-theorieën. De deelnemers aan deze bundel hangen een keur aan alternatieve theorieën aan, onder andere vanuit het panpsychisme, holisme, dualisme en idealisme. Voor elk wat wils dus.

Een aantal bijdragen hebben direct te maken met bijna-doodervaringen. Zo noemt Peter Fenwick de BDE als een groot probleem voor het reductionistisch materialisme. Kenneth Ring gaat in op bijna-doodervaringen van blinden. Michael Grosso vermeldt onder meer het geval van Pam Reynolds. Ook reincarnatieonderzoek is overigens in het boek opgenomen, in de vorm van een bijdrage van Erlendur Haraldsson.

Persoonlijk kan ik lang niet met alles wat er aan theorieen in dit boek verkondigd wordt instemmen, maar dat is niet verwonderlijk door het pluralistische karakter van de bundel. Het is hoe dan ook verheugend dat de krachten gebundeld worden tegen het materialisme.

Deze recensie verscheen medio jaren 2000 in *Terugkeer.*

Boekbespreking
R. Craig Hogan. *Your Eternal Self.* Greater Reality
Publications, 2008. ISBN: 978-90-9802111-0-8.

Er worden steeds meer aanwijzingen verzameld voor
de ultieme onafhankelijkheid van de ziel of het
bewustzijn. Binnen deze bemoedigende context past
de publicatie van een boek als Your Eternal Self van
R. Craig Hogan.
De auteur stelt dat de westerse beschaving
technologisch gezien weliswaar hoog ontwikkeld is,
maar spiritueel gezien tegelijk erg is achtergebleven.
Er is inmiddels voldoende basis voor een grote
culturele omwenteling in de richting van meer
mededogen, liefde en vertrouwen in een voortbestaan.
Men moet het beschikbare bewijsmateriaal alleen nog
tot zich door laten dringen. Dan zal men inzien hoe
onhoudbaar het materialisme is en hoezeer het
inmiddels, juist wetenschappelijk gezien, weerlegd is.
Ons bewustzijn kan als zodanig niet specifiek in delen
van ons brein worden gelokaliseerd en hetzelfde blijkt
te gelden voor ons geheugen. Bij paranormale
ervaringen overstijgt onze waarneming zelfs de
fysieke grenzen van onze hersenen.
De auteur laat zien dat er geen bewustzijn kan zijn
zonder 'zelf' oftewel subject. In andere boeken wordt
nogal wel eens gedaan alsof bewustzijn opgevat kan
worden als een onpersoonlijke of bovenpersoonlijke

grootheid. In het verlengde daarvan lees je dan dat het bewustzijn na de dood doorgaat, maar zonder dat het duidelijk wordt of dat ook geldt voor ieders bewustzijn afzonderlijk.

Craig Hogan benadrukt juist de *persoonlijke* onsterfelijkheid en wat dit fenomeen in spirituele zin impliceert.

Overigens gaat de auteur soms iets te ver in zijn enthousiasme. Bijvoorbeeld waar hij aandacht besteedt aan het interessante, maar irrelevante fenomeen van een soort echolocatie bij sommige blinden. Ook bespreekt hij een aantal mentale mediums per abuis onder een kopje fysieke mediums. Maar het is veel belangrijker dat de auteur goed op de hoogte blijkt van bijna alle relevante literatuur, inclusief over bijna-doodervaringen, sterfbedvisioenen en telepathie tussen tweelingen. Hij wijst er terecht op dat de meeste scepsis op dit terrein vooral te maken heeft met onwetendheid.

Een echte aanrader wat mij betreft. Er hoort trouwens ook een website bij het boek: http://youreternalself.com

Deze recensie verscheen rond 2010 in *Terugkeer.*

Boekbespreking

Mario Beauregard en Denyse O'Leary. *Het spirituele brein: bewijzen voor het bestaan van de ziel*. Kampen: Ten Have, 2008. ISBN 978-90-790-0105-7.

We leven in een tijd waarin paranormale verschijnselen, aanwijzingen voor een bewustzijn tijdens een klinische dood en zelfs het bestaan van een schepper door velen worden afgedaan als pure onzin. Publicaties die de materialistische visie op de relatie tussen hersenen en geest aan het wankelen brengen zijn dan ook zeer welkom. Zoals natuurlijk *Eindeloos bewustzijn* van Pim van Lommel, maar ook *Het spirituele brein* van neurowetenschapper Mario Beauregard, de hoofdauteur, en zijn co-auteur wetenschapsjournaliste Denyse O'Leary.

Mario Beauregard wijst er in de inleiding van het boek op dat de meeste wetenschappers op dit moment materialistisch georiënteerd zijn en geloven dat de fysieke wereld de enige werkelijkheid is. De auteurs willen aantonen dat de 'geest wel bestaat en dat hij meer is dan alleen je hersenen' (blz. 16). Ze richten zich tegen de boodschap van populaire materialisten als Daniel C. Dennett.

Beauregard stelt dat de niet-materialistische traditie waarin hij staat rijk en vitaal is en de werkelijkheid veel meer recht doet dan het materialisme. Ook kan zij praktische voordelen en behandelingen opleveren die het materialisme negeert. Bovendien kunnen ingrijpende spirituele ervaringen het best worden opgevat als "ervaringen die de betrokkenen in contact brengen met een realiteit buiten henzelf, een realiteit die hen dichter bij de werkelijke aard van het heelal heeft gebracht" (blz. 22).

In het algemeen keren de auteurs zich tegen de skeptische, gesloten manier waarop materialisten maar ook veel media omgaan met alles wat hun ideologie in gevaar zou kunnen brengen. Ze tonen aan dat het genetisch reductionisme dat veel mensen in zijn ban houdt geen wetenschappelijke basis heeft. Hetzelfde geldt voor simplistische materialistische verklaringen van religieuze ervaringen en voor het bizarre onderzoek van Michael Persinger. Deze 'neurotheoloog' probeerde religieuze ervaringen op te wekken met een zogeheten godhelm, maar zijn bevindingen zijn beter te verklaren door middel van psychologische suggestie dan door een neuropsychologisch programma. De auteurs schrijven dan ook: "De hoop dat de neurowetenschap al snel met een eenvoudige materialistische verklaring voor de spirituele natuur van de mens op de proppen zou komen is de bodem ingeslagen en zal ook in de toekomst niet in vervulling gaan." (blz. 123). Beauregard wijst erop dat de geest niet gereduceerd kan worden tot het brein en dat er bovendien geen materieel mechanisme bestaat dat de relatie tussen hersenen en geest kan verklaren. Vanaf hoofdstuk 6 worden de aanwijzingen ten gunste van een niet-materialistische theorie van deze relatie besproken. Zo blijkt de geest in staat te zijn neurologische patronen te veranderen, bijvoorbeeld door middel van cognitieve therapie bij een obsessief-compulsieve stoornis. Ook het placebo-effect (en zijn tegenhanger het nocebo-effect) is moeilijk inpasbaar in een materialistische theorie, hetgeen zelfs door sommige materialisten erkend wordt. Drie andere soorten gegevens die botsen met het materialisme zijn psi (d.w.z. paranormale verschijnselen, zoals telepathie, helderziendheid en psychokinese), bijna-doodervaringen en mystieke ervaringen. Beauregard laat zien dat al deze verschijnselen goed in een niet-materialistische theorie passen zonder dat men orthodoxere feiten hoeft te loochenen. De auteurs presenteren een hypothese om de interactie van hersenen en geest te verklaren, de zogeheten psychoneurale translatiehypothese oftewel PTH. Volgens deze hypothese wordt de taal van de geest ('mentalees') vertaald in de taal van de hersenen ('neuronees').

Hoofdstuk 7 en 8 bieden een overzicht over de aard en invloed van mystieke en andere spirituele ervaringen, waarna hoofdstuk 9 het eigen onderzoek van Beauregard naar zulke ervaringen onder karmelietessen bespreekt. Hieruit blijkt onder andere dat er allerlei hersengebieden bij mystieke ervaringen betrokken zijn en dat de hersenactiviteit tijdens zulke ervaringen verschilt van de hersenactiviteit die betrokken is bij alledaagsere emoties. Een belangrijke bevinding van het onderzoek van Beauregard is met andere woorden dat er geen 'godschakelaar' in de hersenen is, geen 'god spot' zoals Melvin Morse (een aanhanger van die theorie) het noemt. Beauregard meent overigens net als Morse dat de mens met zijn geest werkelijk in contact kan komen met een transcendente werkelijkheid.

Natuurlijk is ook dit belangrijke boek niet volmaakt. Zo stellen de auteurs dat hersenen en geest twee gebieden zijn die met elkaar in wisselwerking kunnen treden doordat ze complementair aan elkaar zijn. Deze veronderstelde complementariteit (die kenmerkend is voor panpsychistische en holistische theorieën) is echter niet goed te rijmen met de theorie dat de geest de dood van de hersenen kan overleven, terwijl de auteurs daar zelf wel van uitgaan. Als hersenen en geest echt complementair zijn (als de twee zijden van een munt) dan moeten ze mijns inziens ook met elkaar te gronde gaan bij het overlijden.

Verder baseert Beauregard zich op een achterhaalde weergave van de casus van Pam Reynolds, namelijk dat zij correcte waarnemingen van haar omgeving kreeg nadat haar hersenen reeds helemaal stil waren gelegd (het gebeurde in werkelijkheid nog daarvoor).

Ook lijkt hij niet op de hoogte van verschillen tussen Theravada- en Mahayana-richtingen binnen het boeddhisme, en geeft hij volgens mij een te simplistische verklaring voor de motieven van moslim-terroristen.

Wat het psi-onderzoek betreft stellen de auteurs dat dit slechts een klein effect te zien geeft, terwijl dit uitsluitend geldt voor de resultaten van kwantitatief laboratoriumonderzoek en niet voor andere vormen van parapsychologisch onderzoek. Dit zijn allemaal relatief kleine foutjes.

Op één punt vind ik dit boek echter ronduit tegenvallen. Beauregard veronderstelt dat er een extreme dichotomie bestaat tussen de menselijke en dierlijke geest. Hij lijkt zelfs het bestaan van dierlijk bewustzijn in twijfel te trekken. Het is duidelijk dat de neurowetenschapper niet bekend is met het werk van dieronderzoekers als Jane Goodall, Donald Griffin en Marc Bekoff dat aantoont dat een materialistische verklaring ook voor de dierlijke psyche volledig ontoereikend is. Dit blijkt uit passages in *Het spirituele brein* als: "Als we werkelijk voor 98 procent chimpansees zijn, zijn geest, zelf, wil, ziel en spiritualiteit zonder twijfel niet meer dan menselijke vormen van een normale dierlijke hersenfunctie". (blz. 39)

De auteurs stellen zelfs dat honden een grotere geestverwantschap met mensen hebben dan chimpansees, om zo de kloof tussen mensen en mensapen te benadrukken. Natuurlijk zijn honden echt heel intelligent en gevoelig en hebben ze doorgaans een speciale band met mensen, maar het gaat zonder meer te ver om de geestelijke vermogens van chimpansees zo sterk te onderschatten. Het is bijvoorbeeld van chimpansees genoegzaam aangetoond dat zij een hoogontwikkeld zelfbewustzijn, algemene intelligentie en gevoelsleven hebben die zich kunnen meten met die van een gemiddeld mensenkind. Een evolutionaire psychologie dient net zomin materialistisch opgevat te worden als de neuropsychologie. Ik beschouw dit daarom als een blinde vlek van Beauregard. De spirituele revolutie is ook wat dit thema betreft nog maar net begonnen.

Deze boekbespreking werd gepubliceerd in *Terugkeer,* **lentenummer 2009, 20(1), blz. 28.**

Mind does really matter: Een recent artikel van dr. Mario Beauregard over het bewijsmateriaal voor de invloed van de geest op de hersenen

Samenvatting

De Canadese onderzoeker dr. Mario Beauregard heeft onlangs een belangrijk artikel gepubliceerd over bewijsmateriaal voor de invloed van bewuste mentale toestanden en processen op de fysiologie van de hersenen. In dit stuk een kort overzicht van de inhoud van dit artikel.

Inleiding

Er bestaat veel parapsychologisch bewijsmateriaal voor een directe impact van de geest op allerlei fysieke processen binnen en buiten het eigen lichaam. Wat tot voor kort nog ontbrak was een overzicht van onderzoeken rond de invloed van de geest die gebruik maken van zogeheten *neuroimaging* technieken, d.w.z. technieken waarbij men de activiteit van verschillende delen van de hersenen in kaart brengt door middel van diverse scan-methodes. Deze leemte werd dit jaar echter opgevuld door een belangrijk artikel in het tijdschrift *Progress in Neurobiology* van de Canadese neurowetenschapper Mario Beauregard getiteld *Mind does really matter* (= de *geest doet er werkelijk toe!*). Neuro-wetenschappelijk onderzoek naar de fysiologische effecten van emotionele zelf-regulatie, psychotherapie en het placebo effect wijst volgens Beauregard sterk op een beïnvloeding door het bewustzijn van zowel het functioneren als de plasticiteit van het brein. Mario Beauregard maakt in dit artikel gebruik van de neutrale term *mentalisme*. Dit is de term voor een filosofische positie die sterk lijkt op het dualisme, maar wel neutraal blijft over de vraag van een leven na de dood en spirituele of parapsychologische aspecten van het bewustzijn. Het bewustzijn is volgens het mentalisme iets anders dan de fysiologische activiteit van de hersenen en kan er daardoor ook scherp van worden onderscheiden. Hij zet het mentalisme af tegen het epifenomenalisme ('bewustzijn is slechts een machteloos bijverschijnsel van de hersenen') en de materialistische identiteitstheorie ('bewustzijn komt objectief gezien volledig overeen met bepaalde hersenprocessen').

Emotionele zelf-regulatie
Mario Beauregard wijst erop dat emoties weliswaar een biologische functie kunnen hebben, maar toch lang niet altijd de meeste geschikte reactie vormen in het leven van alledag. Er zijn allerlei situaties waarin blind afgaan op wat je voelt nare gevolgen kan hebben en bovendien zijn er negatieve emoties die veel leed met zich meebrengen. Daarom is het van groot belang dat mensen hun emoties leren beheersen met behulp van hun cognitieve (denk-)vermogens. Dit heeft te

maken met een bewuste keuze welke emotie je wilt ervaren, wanneer en hoe dat moet gebeuren, en hoe je de emotie in kwestie wilt uiten. Hierbij komen allerlei cognitieve strategieën kijken zoals rationalisatie, herevaluatie en onderdrukking. Ze zijn onmisbaar voor iemands sociale en morele ontwikkeling. Bovendien is de regulatie van de eigen emoties van belang bij de omgang met agressie en verdriet en daarom nodig voor de geestelijke gezondheid. Dit inzicht wordt gebruikt bij moderne psychotherapieën. Beauregard bespreekt de resultaten van experimenteel onderzoek naar de regulatie van seksuele emoties. Hierbij vertoonden proefpersonen die de opdracht hadden gekregen hun emoties te onderdrukken bij het kijken naar een erotische film andere neurologische activiteit dan proefpersonen die hun emoties de vrije loop moesten laten. Bij een onderzoek naar de regulatie van verdriet ging het opnieuw om onderdrukking versus toelating van (in dit geval verdrietige) emoties. Hierbij was opnieuw sprake van significante neurologische verschillen. Beauregard noemt in dit verband ook mogelijke systemen in de hersenen die specifiek ingesteld zouden zijn op cognitieve invloeden, maar het voert te ver om daar in deze beknopte bespreking op in te gaan. Vervolgens wijst hij erop dat mensen al als kind hun emoties leren te reguleren vanaf het moment dat ze een duidelijk concept van zichzelf ontwikkelen. Naarmate baby's ouder worden. reageren ze bijvoorbeeld minder heftig op stressvolle situaties zoals een tijdelijke scheiding van hun moeder. Dit hangt waarschijnlijk samen met hun cognitieve ontwikkeling. Beauregard wijst op de rijping van bepaalde corticale hersenstructuren die samenhangen met de ontwikkeling van het denkvermogen. Naarmate die hersenstructuren beter ontwikkeld zijn is er volgens hem ook meer emotionele zelf-regulatie mogelijk. Uit een onderzoek naar de zelf-regulatie van verdriet onder kinderen blijkt dat ook kinderen die verdriet proberen te onderdrukken duidelijk verschillen wat betreft de activatie van bepaalde hersengebieden van kinderen die het verdriet toelaten. Wel lijkt dit effect kinderen meer inspanning te kosten dan volwassenen, hetgeen zou kunnen samenhangen met het feit dat hun lichamelijke ontwikkeling nog niet voltooid is. Uit andere onderzoeken naar de zelf-regulatie van negatieve emoties, blijkt dat de mate van activiteit van een bepaald deel van de hersenen, de amygdala, bewust en doelbewust kan worden gereguleerd. Weer een ander onderzoek richtte zich op de invloed van een herinterpretatie van negatieve beelden die normaliter tot negatieve emoties leiden. Dit bleek duidelijke gevolgen te hebben voor de activatie van diverse hersengebieden. Tot slot wijst Mario Beauregard nog op hersensystemen die mogelijk specifiek samenhangen met het doelbewust versterken of onderdrukken van de eigen emoties.

Neurologische activiteit in verband met psychotherapie

Bij patiënten die leden onder een dwangstoornis werd gekeken naar de neurofysiologische effecten van een cognitieve psychotherapie. Bij die therapie leren patiënt bewust om te gaan met hun dwanggedachten en dwangmatige neigingen. Ze leren daarbij dat hun psychologische klachten voortkomen uit verkeerde informatie van hun hersenen, en dat ze bewust kunnen kiezen hoe ze daarmee om willen gaan. Vervolgens leren ze bepaalde gedragspatronen aan en beseffen ze steeds meer dat hun klachten nauwelijks van belang zijn, zodat de angst die er aan gekoppeld was langzaam maar zeker afneemt. Bij patiënten voor wie deze therapie aansloeg, bleek de neurologische activiteit in bepaalde delen van de hersenen na afloop sterk veranderd te zijn. Dit toont aan dat psychotherapie kan leiden tot fysiologische veranderingen in de hersenen.Vergelijkbare resultaten werden ook gevonden bij onderzoeken naar de effecten van psychotherapie bij patiënten met een paniekstoornis, met een vorm van (unipolaire) depressie en met een fobie voor spinnen.

Placebo-effect

Bij het placebo-effect is er sprake van een

lichamelijke respons op een middel of therapie, die niet bepaald wordt door de feitelijke werkzaamheid ervan, maar alleen door de verwachtingen daaromtrent. De bekendste vorm is de suikerpil waarvan men in de veronderstelling verkeert dat het om een bepaald medicijn gaat. Het placebo-effect kan erg specifiek zijn. Mario Beauregard noemt als voorbeeld een en dezelfde placebo die afhankelijk van de verwachting van de patiënt de ene keer de hartslag en bloeddruk kan verhogen en deze een andere keer juist kan verlagen. Dit geeft duidelijk aan dat het placebo-effect echt te maken heeft met iemands overtuigingen en verwachtingen. Beauregard staat achtereenvolgens stil bij experimenten rond het placebo-effect bij patiënten met de ziekte van Parkinson, depressieve patiënten, pijnbestrijding, de verwachting cafeïne binnen te krijgen, en emotionele reacties op nare en negatieve stimuli. In al deze gevallen blijken specifieke verwachtingen een belangrijke invloed te hebben op specifieke neurologische processen. In het laatste geval hadden proefpersonen de verwachting dat ze een bepaald middel ingespoten kregen dat invloed had op hun emoties, terwijl het slechts om een zoutoplossing ging. Ze vertoonde neurologische veranderingen die overeenkwamen met hun verwachtingen rond het middel.

Conclusies

Mario Beauregard stelt dat al deze onderzoeken tezamen de invloed aantonen van cognitieve en metacognitieve processen op hersenprocessen. Hierbij wijst hij wederom op het bestaan van systemen in de hersenen die betrokken zouden zijn bij de verwerking van de invloeden van de geest. Hij stelt dat bewustzijn van emoties van cruciaal belang is voor de beïnvloeding ervan. Het gaat om *bewuste* en *doelbewuste* zelf-regulatie. Wat betreft psychotherapie verwacht hij dat verschillende soorten therapieën ook een verschillende invloed zullen hebben op diverse systemen in het brein. Het is in het algemeen methodisch gezien moeilijk om de precieze effecten te meten. Maar in ieder geval is het van belang om het bewustzijn en de geest bij de psychotherapie te betrekken. Zoals gezegd, tonen de onderzoeken naar het placebo-effect aan hoe belangrijk iemands verwachtingen en overtuigingen zijn voor zijn lichamelijke functioneren en hoe specifiek het effect ervan kan zijn op hersengebieden die te maken hebben met waarneming, beweging, pijn en de verwerking van emoties.

Voorts presenteert Beauregard een alternatief voor het uiterst contra-intuïtieve materialisme en epifenomenalisme. Zijn hypothese komt er op neer dat de geest niet gereduceerd kan worden tot de hersenen en dat mentale processen een causale invloed uitoefenen op het brein. Het gaat om een vorm van interactionisme. Tegenstanders hiervan wijzen erop dat dit in strijd zou zijn met de veronderstelde causale geslotenheid van de fysieke werkelijkheid, maar Beauregard wijst er van zijn kant op dat de quantummechanica het bestaan van interactie tussen materie en geest ondersteunt. De specifieke vorm van interactionisme die Beauregard voorstaat noemt hij zelf de *Psychoneurale Vertaling Hypothese*. Volgens deze hypothese worden mentale processen of toestanden 'vertaald'- in neurofysiologische processen en omgekeerd. Dit model verklaart ook hoe mensen zich door middel van hun geest kunnen verheffen boven (en emanciperen) van allerlei primitieve neurologische driften en neigingen, en bijvoorbeeld ethische codes kunnen ontwikkelen.

Een paar aanvullende opmerkingen
Eerder dit jaar heb ik via e-mail contact gehad met Mario Beauregard. Ik vroeg hem of de gevonden resultaten misschien ook verklaard konden worden door een beïnvloeding op onbewust niveau. Hij geeft toe dat dit in bepaalde gevallen mee zou kunnen spelen, maar benadrukt dat het in ieder geval echt om *mentale* toestanden en processen moet gaan, dat wil zeggen niet slechts om hersenprocessen. Het gaat namelijk steeds om de *inhoud* van iemands gedachten

als bron van de veranderingen in de fysiologie van zijn of haar lichaam. Zelf heb ik al in de jaren '90 in het *Tijdschrift voor Parapsychologie* en de *Spiegel der Parapsychologie* een drietal artikelen gepubliceerd die gaan over het fenomeen *intrasomatische parergie* (of psychokinese), d.w.z. de specifieke beïnvloeding van het eigen lichaam door mentale voorstellingen (Rivas, 1991a, 1991b, 1999). Mario Beauregard heeft samen met Denyse O'Leary korter geleden ook nog een belangrijk boek uitgebracht, getiteld *The Spiritual Brain: A Neuroscientist's Case for the Existence of the Soul.*

Referenties

- Beauregard, M. (2007). Mind does really matter: Evidence from neuroimaging studies of emotional self-regulation, psychotherapy, and placebo effect. *Progress in Neurobiology, Vol. 81,* Issue 4, 218-236.
-Beauregard, M., & O'Leary, D. (2007). *The Spiritual Brain: A Neuroscientist's Case for the Existence of the Soul.* HarperOne.
- Rivas, T. & Dongen, H. van (2003). Exit Epiphenomenalism: The demolition of a refuge. *Journal of Non-Location and Remote Mental Interactions, II, 1* (online).
- Rivas, T. (1991a). Intrasomatische parergie: de directe invloed van geestelijke voorstelingen op de fysiologie van het eigen lichaam. Deel 1. *Tijdschrift*

voor Parapsychologie, 58, 1, 9-27.
- Rivas, T. (1991b). Intrasomatische parergie: de
directe invloed van geestelijke voorstelingen op de
fysiologie van het eigen lichaam. Deel 2. *Tijdschrift
voor Parapsychologie, 58,* 2, 10-25.
- Rivas, T. (1999). Intrasomatische parergie:
theoretische beschouwingen. *Spiegel der
Parapsychologie, 37,* 1, 25-35.

Noot
? Metacognitie = denken over de eigen
denkprocessen.
? Zie: Rivas & Van Dongen, 2003.
? "Metaphorically speaking, we could say that
mentalese (the language of the mind) is translated into
neuronese (the language of the brain."

**Dit artikel werd gepubliceerd in het
jubileumnummer van Terugkeer, 19(2), ter
gelegenheid v an het 4e lustrum van Merkawah,
blz. 75-75.**

Boekbespreking
Andrea Lavazza en Howard Robinson (Red.).
Contemporary Dualism: A Defense. Londen/New
York: Routledge, 2016. ISBN 978-2-238-20964-0.

Academische boeken over een niet-materialistische
filosofie van de geest (philosophy of mind) zijn nog
steeds relatief dun gezaaid. Dit geldt extra voor een
positie die mijn persoonlijke voorkeur heeft, het
substantiedualisme. Dit is een wijsgerige theorie die
uitgaat van het bestaan van een substantiële
onstoffelijke ziel of zelf. Een psyche die niet
reduceerbaar is tot het lichaam, maar ook niet tot haar
eigen mentale inhouden of processen. Het zelf
ondergaat zijn bewustzijn en is onmisbaar voor
bewuste, subjectieve ervaringen. De verhouding
daartussen is asymmetrisch: één en hetzelfde zelf
ondergaat talloze bewuste gedachten, waarnemingen,
gevoelens, verlangens, herinneringen, etc..
In de wijsgerige bundel *Contemporary Dualism*
komen diverse gerenommeerde auteurs aan het woord
die een vorm van substantiedualisme aanhangen zoals,
David Lund en Howard Robinson. Het gaat om
vormen die aansluiten bij het klassieke dualisme van
René Descartes, oftewel het 'cartesiaanse' dualisme.
Deze klassieke positie sluit binnen het dualisme
waarschijnlijk het beste aan bij onderzoek naar nabij-
de-doodervaringen en een geestelijk voortbestaan.

Daarnaast komen er niet-cartesiaanse stukken in het boek voor van denkers zoals William Hasker en Charles Taliaferro. Zijmenen dat er wel een geest of ziel is, maar stellen dat dit een soort holistisch of 'emergent' product van het brein is, of algemener een natuurlijke eenheid vormt met het lichaam. Er is daarbij dus wel meer aan de hand dan volgens het zogeheten 'property' dualisme, dat in het algemeen geen substantiële ziel erkent. Maar het is moeilijk te rijmen met bijvoorbeeld de bevindingen van onderzoek naar NDE's.

Deze posities sluiten aan bij het zogeheten 'thomistisch' dualisme van de middeleeuwse filosoof Thomas van Aquino. Dit stelt dat de mens een eenheid is van lichaam en geest (net als bij Aristoteles) maar wel een ziel bezit die de dood kan overleven (net als bij zijn leermeester Plato). Voor veel christenen mag dit een aantrekkelijke positie zijn, maar op anderen komt ze vooral incoherent over. Dit zegt waarschijnlijk wel iets over de achtergronden van de impliciete en expliciete aanhangers in dit boek. Een andere, nog duidelijkere invloed van het christendom binnen de context van het substantiedualisme lijkt door te klinken in merkwaardige uitspraken van diverse auteurs, zoals dat de mens – in dit verband – "meer dan een dier" is, alsof het evident zou zijn dat andere dieren geen substantiële zielen hebben of zijn. Ook geeft de panpsychistische denker David Skrbina nog een relevante uitwerking van zijn panpsychisme in een zogeheten "dual aspect monism". Henry P. Stapp benadert de filosofie van de geest expliciet vanuit de kwantumfysica en laat zien hoe concepten van het substantiedualisme daarmee verenigbaar zouden kunnen zijn.

In de inleiding geven de redacteurs overigens al goede argumenten ter verdediging van het dualisme en tegen het nog altijd erg dominante fysicalisme. Deze ondergraving komt in diverse stukken terug en wordt daarbij verder uitgebouwd. Sommige aspecten zijn overigens vooral interessant voor vakfilosofen. Een artikel van Ricardo Manzotti en Paolo Moderato stelt bijvoorbeeld terecht dat de neurologie impliciet dualistische concepten hanteert en daarmee logisch beschouwd de keuze heeft die concepten los te laten of haar ontologie te wijzigen ten gunste van dat dualisme.

Deze recensie dient tijdens de publicatie van dit boek nog te verschijnen in het lente/zomer-nummer van Terugkeer van 2017.

Boekbespreking
Richard Fumerton. *Knowledge, Thought, and the Case for Dualism*. Cambridge?New York: Cambridge University Press, 2013. ISBN 978-1-107-03787-8.

Begin jaren '90 verdiepte ik me samen met dr. Hein van Dongen grondig in het zogeheten epifenomenalisme, de theorie dat het bewustzijn geen invloed uitoefent op de werkelijkheid en slechts een machteloos bijverschijnsel van hersenprocessen is. We kwamen er al snel achter hoe dominant het materialisme en het daaraan gerelateerde fysicalisme waren binnen de filosofie van de geest. We hebben destijds onder meer contact gehad met vooraanstaande denkers die voortaan liever het bestaan van bewustzijn uit hun theorieën zouden schrappen dan te moeten toegeven dat er een causale invloed van uitging.
Het boek *Knowledge, Thought, and the Case for Dualism* van Richard Fumerton laat zien dat er in 20 jaar tijd op dit punt nog maar weinig veranderd is binnen de analytische filosofie. Fumerton gaat vooral in tegen alle mogelijke fysicalistische pogingen om subjectieve oftewel "fenomenale" ervaringen te herleiden tot iets anders. Hij presenteert zich daarbij als zogeheten "property" dualist die gelooft dat subjectieve ervaringen eventueel eigenschappen zouden kunnen zijn van de hersenen zelf. Daarbij erkent hij wel dat het dan nog steeds **niet** om *fysieke*,

niet-subjectieve eigenschappen van dat brein zou kunnen gaan. Dit betekent de hersenen daarmee kenmerken zouden moeten bezitten waardoor ze niet helemaal als een fysiek systeem opgevat zouden kunnen worden in de traditionele zin van het materialisme. Niemand met een beetje gezond verstand zou volgens Fumerton overigens méér aandacht besteden aan scans van zijn hersenactiviteit dan aan zijn eigen subjectieve ervaringen om te bepalen wat hij zoal beleeft. In mijn ogen is zijn stellingname niet radicaal genoeg, maar de auteur stelt wel terecht dat de basis van elke vergaande dualistische en andere anti-fysicalistische theorievorming wortelt in de erkenning van het bestaan van onreduceerbare subjectieve ervaringen. Dit doet hij op een heldere, toegankelijke manier en als je niet terugschrikt voor complexe filosofische redeneringen of fijnere theoretische onderscheiden, kan dit boek je helpen om in elk geval het bestaan van bewustzijn te verdedigen tegenover tegenstanders. Waardevol daarbij is bijvoorbeeld Fumertons nadruk op de voorrang van onze kennis van onze eigen subjectieve ervaringen boven (intersubjectieve) wetenschappelijke kennis. Theorieën die ons eigen bewustzijn weg willen verklaren horen intellectueel eigenlijk geen kans te maken, terwijl de aanhangers daarvan in werkelijkheid juist nog steeds grotendeels de scepter zwaaien binnen de filosofie en empirische wetenschap. Hij vindt de wijdverbreide opvatting dat natuurwetenschappelijke gegevens belangrijker zijn dan basale wijsgerige redeneringen ronduit belachelijk (*ludicrous*) en daar heeft hij volkomen gelijk in. In die zin vormt dit boek een rehabilitatie van de filosofie tegenover de ongefundeerde geringschatting van de kant van veel natuurwetenschappers. Hij stelt onder meer dat hij niets tegen de zogeheten cognitiewetenschappen heeft, maar alleen niet gelooft dat ze van waarde zijn bij de oplossing van wijsgerige vraagstukken.

Ook toont de auteur aan dat de bekende "hard problem" van Chalmers tevens het verschijnsel intentionaliteit moet omvatten, en neemt hij de agnostische positie in dat bewustzijn in elk geval gelieerd lijkt aan een zelf dat het ondergaat, ook al is zo'n zelf klaarblijkelijk moeilijk te plaatsen binnen zijn algemene ontologie. Fumerton verdedigt bovendien de denkbaarheid van telepathie, hoewel hij tegelijkertijd zelf denkt dat dit verschijnsel hoogstwaarschijnlijk niet bestaat. Op een vergelijkbare manier laat Fumerton zien dat zijn property dualisme verenigbaar is met een afwijzing van epifenomenalisme.

Deze recensie dient tijdens de publicatie van dit boek nog te verschijnen in het lente/zomernummer van Terugkeer van 2017.

Kernfysicus dr. Ian J. Thompson is een hedendaagse
voorstander van een renaissance van het dualisme in
filosofie en wetenschappen Hij schreef o.a. *Starting
Science from God* en runt de belangrijke website
http://www.newdualism.org

Over de auteur

Titus Rivas (1964) is filosoof, theoretisch psycholoog en parapsychologisch onderzoeker. Hij is onder meer werkzaam als docent van de NHA-cursussen *Filosofie en Levensbeschouwing* en *Parapsychologie*, als auteur van boeken, artikelen en recensies, en als zelfstandig onderzoeker gelieerd aan Stichting Athanasia.

Op filosofisch gebied publiceerde hij eerder onder meer *Onrechtvaardig Diergebruik* en *Het Individu Centraal*. Zijn substantiedualistische positie werkt door in de wijsgerige boeken *Geesten met of zonder lichaam* en *Filosofische grondslagen van parapsychologisch onderzoek naar leven na de dood*. Het vormt ook de expliciete en impliciete ontologische basis van zijn parapsychologische en psychologische werk.

Rivas woont samen met zijn hond Moortje en zijn kat Pipi in zijn geboorteplaats Nijmegen.

In deze bundel komen diverse artikelen voor waaraan Anny Dirven en dr. Hein van Dongen hebben deelgenomen als coauteur. Anny Stevens-Dirven (1935-2016) vormde vele jaren de rechterhand van Titus Rivas bij zijn filosofische, parapsychologische en psychologische onderzoek voor Stichting Athanasia. Samen schreven zij diverse boeken waaronder *Van en naar het Licht* en *Wat een stervend* *brein niet ka*n.

Filosoof dr. Hein van Dongen is auteur, docent en filosofisch consulent. Hij publiceerde onder meer *Psi in wetenschap en wijsbegeerte* en *Het voertuig van de ziel* (beide met Hans Gerding), alsmede *Wilde beesten in de filosofische woestijn* (met Hans Gerding en Rico Sneller).

Titus Rivas kan benaderd worden via zijn e-mail adres: titusrivas@hotmail.com